ANALOG
Robert Hassan

漫谈模拟

［澳］**罗伯特·哈桑**（Robert Hassan）＿著

王琰＿译

U0189312

中国科学技术出版社
·北 京·

First published in the English language under the title
Analog by Robert Hassan
Copyright © 2022 Massachusetts Institute of Technology
ISBN: 9780262544498
Simplified Chinese translation copyright © 2024 by China Science and Technology Press Co., Ltd.
All rights reserved.
北京市版权局著作权合同登记 图字：01-2024-3571

图书在版编目（CIP）数据

漫谈模拟 /（澳）罗伯特·哈桑 (Robert Hassan)
著；王琰译 . -- 北京：中国科学技术出版社，2024.
9. -- ISBN 978-7-5236-0939-2

Ⅰ . TP391.9

中国国家版本馆 CIP 数据核字第 2024WK1709 号

策划编辑	郝　静　于楚辰	**责任编辑**	孙倩倩
封面设计	潜龙大有	**版式设计**	蚂蚁设计
责任校对	邓雪梅	**责任印制**	李晓霖

出　　版	中国科学技术出版社
发　　行	中国科学技术出版社有限公司
地　　址	北京市海淀区中关村南大街 16 号
邮　　编	100081
发行电话	010-62173865
传　　真	010-62173081
网　　址	http://www.cspbooks.com.cn

开　　本	880mm×1230mm 1/32
字　　数	110 千字
印　　张	6
版　　次	2024 年 9 月第 1 版
印　　次	2024 年 9 月第 1 次印刷
印　　刷	大厂回族自治县彩虹印刷有限公司
书　　号	ISBN 978-7-5236-0939-2/TP·489
定　　价	59.00 元

（凡购买本社图书，如有缺页、倒页、脱页者，本社销售中心负责调换）

谨以此书献给凯特·唐（Kate Daw）（1965—2020）。

她买了散发着硬糖味道的柠檬黄色康乃馨、像覆盆子布丁一样的紫色花园玫瑰，以及花店老板知道如何种植的各种白花。

———泽尔达·菲茨杰拉德（Zelda Fitzgerald），摘自《给我留下华尔兹》（*Save Me the Waltz*）

致　谢

　　撰写致谢的惯例使我回忆起自己撰写本书部分内容时的记忆。我应该和大多数作家一样，有时能准确地回忆起自己在写某篇文章时的过程。倘若如此，并不是这些文字本身蕴含了什么深刻或有意义的共鸣，而是我在写这些内容的过程中，深刻地领悟了这些内容的背景知识，这种领悟会一直伴随着我。我当时在屏幕上敲出了如下文字：

　　就像用隐形墨水写日常用语和生活中的密码一样，我们象征性地画出一幅画来向别人介绍一样东西，比如我们在沙子上画一条线来表明这种或那种情况的界限。当我们谈到某人时，尤其当谈论某人的成功或失意时，我们能准确地知道彼此想要表达什么。当语言学开始将隐喻作为研究对象时，我们能够以一种进步的方式关注某个已经深入人类潜意识中的概念，以至于我们几乎不需要任何训练就能掌握隐喻的实际应用。

虽然引用自己说过的话不够客观，特别是引用同一本书中的文字，但正如我所说的，文字本身并不重要，重要的是撰写这些文字的时间和地点，以及那个时间、那个地点和那个我想要感谢的人。我生活在墨尔本。2020年夏末的一天，我和妻子凯特以及我们的两个孩子西奥和卡米尔像数百万人一样居家办公、上网课。但你或许不知道，凯特当时正处癌症晚期。她说她感觉自己已经走完了"百分之九十五"的生命历程，但她看起来仍像往常一样漂亮。凯特从十四岁起就成了一名画家，也从未想过要从事其他职业。毫无疑问，才华横溢的她不仅成了一位备受尊敬和钦佩的艺术家［埃尔顿·约翰（Elton John）❶曾突然到访她正在举办展览的画廊，当场购买了她的六幅画］，而且还是墨尔本著名的维多利亚艺术学院（Victorian College of Arts）的教授和院长。

总之，我在一间空房间里写这本书，凯特在隔壁的画室里画画。孩子们在楼下的某个地方安静地待着，窗户下的桌子上一台笔记本电脑播放着双生鸟乐队（Cocteau Twins）的歌曲 *A Kissed Out Red Floatboat*，歌声回荡在各个房间。我从书桌前站了起来，走到楼下，端上来两杯伯爵茶。很久以

---

❶ 英国歌手、曲作者、钢琴演奏者、演员、慈善家，曾六次获得格莱美奖。——译者注

前，凯特曾对我说："别问我要不要喝茶，直接给我端过来就行了。"自此我也养成了这样的习惯。我走进她的画室时，她正坐在画架前，专注地画着一朵花的一个细节。我把杯子和茶托放在一张摇摇晃晃的三脚小桌子上，这是她在学生时代去威尼斯旅行时买的。我弯下腰从地板上捡起之前的杯子和茶托，吻了吻她的头顶，她的鼻子几乎平行于一支蘸着柠檬黄油画颜料的细刷子。一两分钟后，我听到她略带歉意地喊了一声："谢谢！"我已经坐回到了书桌前，凯特稍作休息，出来喝茶。

许多书的作者都会在书中感谢他们所爱之人的付出，这很好。在此，我也想再次表达我对凯特的无限感激之情，因为这段记忆在很大程度上是我们生活的缩影。我们共同创造了现在的生活，也正是她的建议和支持，让我开始写这本书，以及我之前创作过的所有书和未来将创作的所有书。

目 录

001 　　第一章　引言

013 　　第二章　模拟技术

035 　　第三章　复古模拟（数字机器中的僵尸）

059 　　第四章　古代的模拟：文字、电脑、时钟

081 　　第五章　机械模拟：被机器征服

113 　　第六章　电子模拟

149 　　第七章　模拟向数字的转变

1 | 第一章

引言

"暂停！我们可以回去！"

环保主义者比尔·麦吉本（Bill McKibben）在评论大卫·萨克斯（David Sax）2016 年出版的《老派科技的逆袭》（*Revenge of the analogue*）一书时曾写道：数字生活过于自私——人类要么因此迅速进化，摆脱自己一直以来具有社会性的灵长类动物的身份，要么就只能默默地忍受屏幕上折射出的人固有的唯我主义的痛苦。这未免太过令人不安："产生有价值的事物的注意力将遭受巨大的损失。"

麦吉本的评价相当慷慨。然而，他在萨克斯的态度中察觉到某种超脱世俗的意味。他发现，萨克斯认为"模拟基本上是一种中性技术（就像数字技术一样），但数字技术在某种程度上缺少了模拟的'真实性'"。因此，过去流行的某些模拟技术的再次流行，如高保真音响系统、黑胶唱片、桌面棋盘游戏和其他技术，反映了一种独特的、几乎无法解释的、对前数字时代的怀旧心理。麦吉本认为，事情不会那么简单，人类与模拟和数字技术的关系不会如此简单。麦吉本并没有阐述他的观点，老实说，我们不能指望他用几百字的篇幅讲述一个更为复杂的故事。不过，他的想法的确值得推崇。

借由引言，我想重点论述麦吉本所说的这句话并对此稍作解释，以此作为本书后续章节的铺垫。麦吉本的两句话包含了两种与模拟技术相关的观点，即进化和损失。这两个观点可以用来更全面地解释模拟这个概念。我是按照麦吉本论述的顺序引用的这两个观点，但它们在我的故事中占据相同的重要性。进化似乎是一个很好的开始。如今，在许多人的观念中，认为技术的中立是一个很正常的想法（虽然有时仍然有一定的争议）。我们经常在歌曲《人和人》（*People And People*）的副歌 ❶ 中听到这样的歌词："枪自己不会杀人，是人在杀人。"认同这句歌词的人，在他们的潜意识中认为人类和技术是两个独立存在的领域。亚里士多德、德谟克里特、笛卡儿都认同这样的观点，尽管笛卡儿也曾指出，人的身体和大脑可以通过技术得到超乎人类想象的改善。

当然，尤其是自 20 世纪中叶以来，这个古老的观点已经被赋予了很多现代化的元素。例如，被称为"哲学人类

---

❶ 取自布祖·班顿（Buju Banton）演唱的歌曲《人和人》（*People And People*）中的歌词 "Gun nuh kill people people kill people"。——编者注

学"的一个德国学派主要研究人类与技术的关系，该学派普遍认为，人类与技术并没有本质上的区别，并且人类是技术的体现。如果技术发明没有取得任何的进步，人类不可能作为一个物种存活下来。最近，越来越多的计算机科学和社会学领域的思想家提出了这样的一种观点：他们认为人类实际上是"半机械人"，即一部分是技术，另一部分是生物。半机械人是在近几百年的时间里，人类与愈发复杂的技术融合的进化产物。从罗马人发明假牙，到 14 世纪眼镜的发明，从 20 世纪 50 年代首次将调节心脏跳动的起搏器植入人体的心脏，再到能够接入网络数字技术的 Wi-Fi 信号，人类和技术已经融合了很长一段时间。在马歇尔·麦克卢汉（Marshall McLuhan）等人看来，这种进化是一个相互作用和融合的过程。他指出这种关系是相互的，这一观点也影响了很多人。也就是说，人类创造的技术改变了人类本身对世界的思考和行为方式，而这反过来又影响了人类进一步发明和使用的技术种类。在历史进化的循环中，这个过程依然在持续着。

> 人类创造的技术改变了人类本身对世界的思考和行为方式，而这反过来又影响了人类进一步发明和使用的技术种类。

第二个与此相关的观点是损失。由于人类融入数字生活，失去了由模拟技术带来的所谓"真诚"或"真实性"。麦吉本和萨克斯对此抱有相同的观点。还有一些人认为，随着数字化的兴起，有些东西已经从我们的生活中消失了，由此很容易便能凸显数字的虚假性。正如小说家威廉·吉布森（William Gibson）所说的那样："那里没有那里。"虽然这并不是人类的初衷，但模拟已经成为一种过时的、被取代的、消失的技术，或者只是消失于人类的日常生活中，被另一种不那么令人满意的技术所取代。我们被教育，无论是对集体还是个人而言，数字化给人类的生活带来了巨大的改善，但我们脑海里有一个声音，或者只是我们的一种感觉，告诉我们，人类在快速过渡到整天盯着屏幕的生活方式中，遭受了精神上的损失。

然而，所有这些关于"失去真实性"的讨论都相当模糊。这是本书要关注的第一个问题。如今，模拟技术呈现给人类的是一种难以干扰的体验或过程。正因为人类无法正确地识别模拟技术，所以才称之为"怀旧"或"复古"。但这并没有向我们阐明模拟的真实含义。尽管如此，我们还是草率地为自己创造了这样的消费体验，就像我们每周在商店或网上某个地方看到的新（或旧）模拟商品一样。无论营销人员和精明的企业构想出什么商品，都可能成就下一个怀旧之

旅。这些商品可能是任何可以被贴上"复古"标签的东西，比如轻薄的卡带，或者一个生产于 20 世纪 50 年代的廉价挂钟，或者质量上乘的鼹鼠皮笔记本。笔记本厂家的网站上这样写道：这些笔记本可以唤起毕加索、凡·高或海明威所选择的模拟技术。你甚至不必出生在前数字时代，也会渴望这种复古体验。任何人都可能被再版的 1985 年乔丹 1 代（Air Jordan 1）运动鞋或富士拍立得"经典"模拟相机所吸引而产生购买行为，这些行为只是为了用模拟技术填补内心深处对于模拟世界的空白。

麦吉本在《纽约书评》（*New York Review of Books*）上发表了一篇题为《暂停！我们可以回去！》（*Pause!We Can Go Back!*）的文章，这也许是编辑的辛辣幽默。但数字时代的故事则没有暂停，就像没有回头路一样。我们在不理解为什么我们希望停下来或回去的情况下，也不可能继续积极前进。

所以我们需要更好地了解模拟。我们需要能够识别我们生活中的模拟差距，这种差距的存在正是因为我们无法清楚地理解人类与技术的关系，尤其是在当前这个数字化占据统治地位的时代。例如，如果我们了解到来自伦敦的音响发烧迷皮特·哈奇森（Pete Hutchison）花了数千英镑满世界地寻找最后仅存的模拟录音设备的原始零件，我们需要知道其中的原因。这些设备大多是 20 世纪五六十年代的古董，拼装

完毕后就可以制作出"古典录音黄金时代"的复刻版黑胶唱片，包装和音效都和过去一样原汁原味。这是一个非常浪漫的想法，是在追求真实的模拟精神，而今天大多数由数字母版压制而成的黑胶唱片都没有做到这一点。尽管如此，从市场经济的角度来看，一盒由弗尔南德·乌布拉杜斯（Fernand Oubradous）于 1956 年指挥的莫扎特"巴黎人"全集的 7 张唱片，哈其森公司（Hutchison）的售价约为 3500 美元。哈其森公司表示，"这不只是一张黑胶唱片……这是一套完整的哲学。"在我写这篇文章的时候，哈其森公司的官网显示，其制作的大约 50 种黑胶唱片都已标记"售罄"，这些黑胶唱片复制了和过去一模一样的外壳和唱片标签，从贝多芬（Beethoven）到布鲁克纳（Bruckner），从桑尼·罗林斯（Sonny Rollins）到塞隆尼斯·蒙克（Thelonious Monk），每张限量 300 张。这样看来，模拟哲学也是一门不错的生意。

我们必须了解，为什么哈奇森这类人会复刻旧的黑胶唱片，以及为什么人们会响应这种情绪，因为与技术和技术事物的关系，无论是模拟的还是数字的，都是人类存在的核心。我以前写过关于模拟"时尚"的文章。好吧，如果我们只是把时尚理解为暂时的现象，那么我认为这种概念只适用于特定的商品，商品会出现也会消逝。无论是 1957 年声望（Prestige）品牌的唱片，还是 20 世纪 60 年代的熔岩灯，这

都不是问题的关键。问题的关键在于，类似的冲动在个人和社会中根深蒂固。它是关于人类在过去的技术进化中所失去的东西，一些在数字时代所没有的东西。它是关于人类总是试图在产品中寻找的那种"情怀"，而资本主义能够感知我们的需求和冲动，并随时满足我们的需求。

换句话说，我们需要更好地意识到模拟在个人和集体意识中的位置，但如今这个位置还不够清晰。

你是否意识到？尽管我们对模拟技术和复古体验的兴趣丝毫未减，但"模拟"这个词本身已经从我们的语言中稳步消失了。我之所以意识到这一点，是因为谷歌有一款叫作"Ngram"的程序，可以搜索自 2002 年以来扫描的数百万本图书。它可以在其庞大的文本数据库中查找从 16 世纪到 2019 年来所有单词的使用频率，并能将这些数据转换为图表，显示在很长的一段时间内各个单词使用的频率。在 1800 年左右，"Analog"一词开始出现在英语书籍中。一直到 1947 年，这个词的 Ngram 曲线图稳定地排列在图表的底部。而后，该单词的曲线图急剧上升，并在 20 世纪 80 年代中期左右达到历史峰值，继而开始像前期的上升一样开始剧烈下降。有趣的是，"模拟"的单词轨迹与"数字"的单词轨迹几乎完全一致。这些词几乎同时出现在印刷品中，直到 20 世纪 40 年代末，"模拟"一词开始衰落，但"数字"一词继续稳步上

升，直到 2019 年，谷歌下架了这个程序。

Ngram 图中"模拟"的单词路径向我们传达了一些东西。它告诉我们，当一个词在印刷文化中的使用频率下降时，它在人类语言中的使用频率也会下降，无论是书面的还是口头的。由此可见，一个词在语言中的衰落意味着它作为一个概念、一个想法、书面和口头交流所维持的意义分享中公认的组成部分的衰落。由此，模拟作为一种知识模式开始消失，因此它更难被人们理解。

人类与技术的关系是我们最早的联系。正是这种关系使人类成为智人，这些自认为"聪明"的生物在进化过程中掌握了支配其他物种的工具。在数字化出现之前，这些都是模拟工具。因此，这种渴望可能会突然迫使某人上网，在BigaMart 网站上以 86.99 美元的价格购买一部"20 世纪 70 年代风格的转盘拨号固定电话，配有卷线和薄荷绿的正品铃声"，这种渴望不应该被理解为冲动购买一件价格高昂的复古产品。或许这更应该被看作是一种通过消费的姿态来填补我们心理缺口的欲望。但就像人消费大多数商品一样，大多数的消费活动无法让人获得真正的满足。所以我们不断回过头来寻找我们看到的其他东西：超越怀旧（Beyond Retro）网站上一双 20 世纪 40 年代的 501 李维斯（Levi's）牛仔裤能够再次触动我们内心空虚的神秘心弦。我们可能会买，也可能不

会买。但我们做得不够的地方在于没能正确地面对我们内心的感受。

> **人类与技术的关系是我们最早的联系。**

我在接下来的章节将介绍我所进行的研究。在当今的数字时代，你可能会有一个微弱的愿望，希望用一把漂亮可靠的黄铜钥匙来打开家或办公室的门，而不是一张不那么靠谱的塑料卡片。但在这个时代，这种愿望和它的来源会更容易被理解。

> **当我们看到、触摸或使用模拟技术时，我们可能会感到快乐的冲动，这不仅是怀旧，也是一种认可。**

2 | 第二章

模拟技术

数字表示法和模拟表示法之间的区分首先是一个哲学问题，而后才是技术问题。

——克里斯·切希尔（Chris Cheshire），

《数字领域的本体论》（*The Ontology of Digital Domains*）

这是一本关于模拟的书。从本质上说，这是一本关于模拟技术及其与人类历史关系，以及人类如何使用模拟技术以某些极其重要的方式塑造人类的世界、文化和社会的书。但这本书的意义不止于此。"模拟"这个词是在暗示或有意暗示从更宽广并且更深入的视角揭示大家意想不到的东西。当人们拿模拟技术与数字技术相比较时，模拟技术就会成为焦点。并且出人意料的是，模拟技术推翻了人们固有的错误观念，即模拟技术是一种衍生于过去的且早已过时的技术，而数字技术才是光辉的现在和辉煌未来的缩影。

多年来，我一直想写一本关于模拟的书。以下几页内容梳理了我几年来的笔记、已发表的文章、对话的记录，以及读过的一书架的关于模拟和数字技术及其所产生的文化影响的书。我也参考了庞大的个人照片数据库、互联网书签，以及一些视频文件、采访和电影。这本书将所有这些信息凝练成了在我看来是一门重要学科的基本知识。所以，我写这本书的一部分原因就是意图从更广泛的视角揭示模拟技术的重要性。它不仅体现了一些重要技术和模拟技术发展的划时代阶段的简短历史，还揭示了其对人类生存和发展的巨大重要性。与此同时，在我们试图理解和主宰由另一种技术（即数字技术）主导的世界时，模拟技术也能表明这段历史和这种联系与当今人类巨大的相关性。

如今，人类身处数字化的时代。从某种程度上来说，这意味着，随着越来越多的人类活动领域被数字化攻占，人类对许多模拟技术的外观、结构和隐性知识的工作记忆已经逐渐消退，比如"大型"的拨号式电话的听筒和拨号盘。也就是说，对出生在 20 和 21 世纪之交之后的几代人来说，他们对家庭固定电话这种通信方式的全部记忆将不复存在。然而，有趣的是，这些记忆，无论是真实的还是想象的，通常都基于个人的经历，或者是通过观看前数字时代生活的电视节目或电影所获得的。人可能会选择性地保留某些记忆，比如厨房墙上的电话、音响旁边整柜子的黑胶唱片、摆在客厅中心位置的笨重的电视机，但模拟记忆并不排斥它们所代表的技术形式和功能——这也揭示了一些重要的事情。

人们通常认为，模拟技术已经从我们的生活中消失了，因为在面对数字技术的挑战时，从效率和进步等模糊概念的维度来衡量，模拟技术存在明显的缺陷，难以与数字技术匹敌。但是，如果仅从其本身的角度和目的来接受这种变化，即使这种变化看起来微不足道，也是错误的。想想曾经无处不在的模拟针式仪表。尽管如此，这种不起眼的装置却由来已久，针式仪表起源于古老的日晷以及钟表，日晷上缓慢移动的阴影以及钟表上的时针和分针都在指示时间的流逝。在它们各自适用的时代，这种颤动而简陋的弹簧针成为人类理解生活社会经验元素的方式，人们借此来理解或测量日常生活中的各种事物，例如家用温度计上的温度和气压、电压表或气体流量表上的读数、家庭立体声系统上的音量。事实上，早在 1985 年，立体声仪表上表示震耳欲聋音量的红色区域已经出现在流行文化中，作为音量单位出现在地下丝绒乐队（The Velvet Underground）同名专辑的封面上。

像许多模拟技术一样，表盘指针正逐步成为古董设备收藏家的古董，以显示选择钮为例，对仍然喜欢这种古董的发烧友来说，它是安装在昂贵的立体声系统上的奢华装饰。当然，另外一个更耐用的模拟技术的例子是手表，相比于便宜但更为准确的竞品，机械表（不是石英数字表）仍然是钟表行业的质量、卓越和身份的标志。

然而，在大多数情况下，我们并未意识到，人类已经逐渐减少了对模拟形式和功能的使用，尽管有时我们确实注意到并欣然接受某种技术的过时。例如，就在不久以前模拟电视依然十分流行。但它强大而连续的模拟信号意味着观众在传输过程中会受到各种障碍的影响，比如不稳定的大气、多变的建筑环境、屋顶、树木、山丘和其他障碍。这些变量可能会严重干扰波长信号，破坏无干扰的持续观看体验。相比之下，数字信号较短且不连续，因此被认为更适合。但这些信号也可能被山脉或强风阻挡，导致屏幕图像模糊或信号完全消失。这种区别很有趣：受障碍物影响，数字图像要么是"开"的，要么是"关"的，所以你要么能看，要么不能看。数字技术与模拟技术的区别在于，它不会让你处于半看半醒的"中间"状态。模拟的波动和模糊的不确定状态给人类的物理干预提供了空间，而像素化则不然。装上了可移动的天线后，既定的观众就可以尝试捕捉不受控制的信号，并希望能够找到一个最佳位置，从而稳定图像、平息令人愤怒的白噪声。而数字信号是一种人类对此无能为力的信号，人不仅与信号脱节，而且脱离了自身与技术的关系。尽管如此，每天都在经历与电视机进行模拟对决的人不会怀念模拟电视。随着模拟电视在许多国家几乎被淘汰，它成为一种越来越少、无人哀叹的记忆。然而，正如我们将看到的，物理与技术的相互作用深刻地印刻在人类的进化史中，这也告诉了我们一些关于模拟和人类自己的基本信息。

尽管许多模拟机器和程序消失了，但更深层次的文化和心理记忆印记仍然像旧电视上的模糊画面一样在许多人的脑海中闪烁。这些印记会以无数种方式在我们的心理生活中显现出来，比如有一天，我们意识到地下室里的一盒模拟 VHS 录像带记录着我们的家庭生日和假期的画面、爷爷在世时的场景，但现在很难再找到那盒 VHS 录像带了。那台昂贵的雅佳（Akai）磁带播放机几年前就被扔掉了。所以，我们难免会产生怀旧和悲伤的情绪，加之文化上的被动，我们很可能会认为技术变革一定会带来进步，但也会引发一种情感上失去的痛苦，因为失去的不仅是脆弱的、可降解的氧化胶带上的图像。这是一种以图像形式为表象的记忆的丧失，也是文化记忆的丧失，这种文化记忆根植于创造它们的技术中，而图像被锁定在过时的媒体中，在那里腐烂直至最终死亡。

2011 年，迈克尔·哈扎纳维希乌斯（Michel Hazanavicius）在他的电影《艺术家》（The Artist）中讲述了一个更通用的关于模拟文化缺失的例子。故事发生在 1927 年到 1932 年从无声电影到有声电影过渡的时期。该电影采用柯达 Vision3 系列的顶级黑白胶卷拍摄完成。影片的摄影手法非常细腻，描绘了主人公默片明星乔治·瓦伦丁（George Valentin）所经历的生存危机，因为他赖以生存的一种技术形式，不可逆转地被另一种技术取代。哈扎纳维希乌斯在为这部电影筹集资金时遇到了困难。好莱坞的高管们认为一部黑白默片不会创造任何的商业利益。然而，这部电影取得了巨大的成功，获得了评论界的一致好评，票房表现不俗。这部电影的拍摄、配乐和表演都近乎完美，但最打动观众和评论家的是，它挖掘了存在于我们内心深处的模拟怀旧情怀，通过在胶片上重现模拟形式和世界勾起我们的怀旧情怀，尽管在大多数观众出生之前模拟技术就已经过时了。（图1）

《艺术家》这部电影充分利用了怀旧的力量，并从文化和技术历史中汲取了大量的灵感，借此表现面对不断变化时有时难以言表的损失类别。然而，《漫谈模拟》这本书并不是在哀叹"旧的是好的"和"新的是坏的"，也没有完全依靠怀旧的力量来表达自己的观点。否则既无趣又缺少信息。相反，这本书揭示了人类与特定类别的技术（模拟技术）之间的联系，并在与已使其过时的不同类别（数字技术）的技术相比较时，凸显了模拟技术的重要性。换句话说，直到近期，除了一种模糊的怀旧之情外，思考人类与模拟之间的关系毫无意义。因为在数字技术崛起之前，模拟技术一枝独秀，任何技术都无法撼动它的统治地位。但如今已经今非昔

图 1 盲目的怀旧:《艺术家》海报，2011 年

比。通过这种鲜明的对比，我们可以开始更全面地了解前数字时代漫长生活的主要特征。

词汇问题是一个老生常谈的话题。但在模拟的案例中，词汇问题非常重要，所以不能被忽视，因为这些词的词源可以向我们阐释这个词的意义，以及它在文化进化的过程中是如何随着时代的变化而变化的。从意义上讲，digit 或 digital 词义非常简单，最早是用来测量人类手的长度单位。相比之下，模拟和它的定义则更加复杂：没有一个普遍适用的简单、恰当和稳定的定义。更确切地说，我们所发现的是非理性的、不精确的、不可言喻的定义，康德称之为"扭曲的人性之材"。事实上，一切都以一种不可预测的、不规则的方式与我们相呼应。对人性的暗示是理解模拟技术的其中一条关键线索。

2016 年，乔纳森·斯特恩为"数字化关键词"（*Digital Keywords*）系列丛书写了一篇题为《模拟》（*Analog*）的文章。这是近期为数不多的试图在数字时代解释这个词并将其语境化的作品之一。然而，这篇文章倾向于强化人们在当代对模拟的理解，即将模拟与技术等同起来。但是，如果我们从历史词源学的角度和方法去审视这个词，就会发现一个更包容和可延伸的对"模拟"的定义。这一定义超越当前定义的地方在于，它揭示了一种社会、文化、历史和技术的想法和过程。

　　然而，在讨论这个问题之前，有必要理解谷歌对"模拟"给出的最简单的定义，今天许多人会想要理解这个词。谷歌对模拟的定义是一个形容词：

> **形容词：模拟**
> 关于或使用由连续变化的物理量（如空间位置、电压等）表示的信号或信息。
> "模拟信号"

　　如果你在网上或简明商业词典中快速查到了这些信息，你或许会认为这是一个乏味的定义，它与许多关于模拟的流行文化话语相呼应。它指的是一种技术，可以很容易地映射到前文中关于钟表和电视的讨论。它的词源比电信号或黑胶唱片更为广泛。例如，《牛津英语词典》告诉我们，"analog"有"多个起源"，这些起源形成了这个词所谓的历史"一般意义"，这强烈地暗示了人为因素。换句话说，如果我们更仔细地审视术语中的"多重起源"和"一般意义"，我们会发现模拟的含义和特征将我们带入了一个全新的世界。

　　深入研究词源学的记载，你很快会发现：模拟这个词更古老的含义赋予了它"人"的维度，使之成为一种化身——这在今天流行的复古意义中是没有的。"Analog"一词起源于一组相关的希腊和拉丁词，analogon、analogate 和 analogous。这些都是"多重起源"的一部分，并形成了法语中的 analogue 一词。根据《牛津英语词典》的解释，analogue 的意思是：与另一事物类似的事物（偶尔也指人）；相似的、对等的人或物。坦白说，当今人们对此的定义更为宽泛。一项研究出人意料地发现，一个人是（或可以是）一个模拟物。

往深了说，这些意思是《牛津英语词典》对"analogue"一词的"一般含义"，指的是一种联系，尽管不一定是这样，但在这种联系中，这些古老的词根所传达的比例性、对等性、平行性和一般关系或亲缘性都与人有关。1785 年版的《约翰逊字典》（*Johnson's Dictionary*）收录了"analogal"一词，并将其定义为"有关系的"；也收录了"analogue"一词，将其定义为"具有某种相似性和比例的东西。"这个解释并未涉及任何的技术元素。模拟是事物之间的相互作用，包括人类在内，《约翰逊字典》对此前的所有相关词条进行了整合和优化。有趣的是，约翰逊在该字典中收录的词条"workmanship"让我们对模拟的一般含义有了另一种引人入胜的了解，因为它涉及了劳动、人体，以及隐含的技术。他指出：

Workmanship（工艺）：制造或生产的能力或行为。

这是一种聪明的存在，使人摆脱了几近完美的要求，对于创作者的重逢报以厌恶甚至漠不关心的态度，即便这是其最大的幸福来源。这种存在于事物中的美丽模拟物中是如此的畸形，有悖于有限的智慧和完美。

在早期，这种一般意义和多重起源构成了一种更全面的归因，因为它们试图捕捉人类与技术互动的最广泛范围，以及由此形成的环境。然而，至少自20世纪40年代数字技术出现以来，我们便不再使用这些更广泛的定义，而替换为人们更加熟悉的关于模拟的概念，它以某种方式存在于或定义工具、机器或设备本身，并且只是作为取代它的另一方面——数字。一般意义变成了一种特殊意义，即一种技术意义。早期的含义和定义开始消失，如果不是从更古老、词条更多的字典中，我们几乎查找不到这些含义，它们早已从口语和当代写作中消失。

为了更好地理解模拟在当今数字主导现实的背景下的地位，我们有必要重新探索发现人类活动中模拟的人类学、自然和技术元素之间的相互作用。"analog"的希腊和拉丁词根是一个不错的开始。它们反映了一种古老但仍然有限的人类与技术联系的观念。事实上，像德谟克里特和亚里士多德这样的哲学家回顾过去时为我们理解"模拟"奠定了一个重要的基础，让我们深入了解了为什么模拟中的人的成分在最近的时代变得越来越少。早在苏格拉底之前，德谟克里特就思考了技术的品质以及人类与技术的关系，他提出了"科技模仿自然"的理念。这一概念是最早的人类通过技术向大自然寻求生存和繁荣的方法。对德谟克里特来说，蜘蛛"编织和修补"的技能，或者燕子建造房屋的技能，都是自然界教会人类适应和学习控制环境的例子。值得注意的是，德谟克里特暗示了一种已经发展起来的人类智慧，这一智慧使人类后退并审视自然，反思其对已经在进行中的人类发展项目的有效性。

亚里士多德也认同这样的观点。此外，他明确指出，"模仿"意味着人与技术的分离，是在自然事物（人类、自然）和人工制品之间设定了一种本体论上的划分。因此，德谟克里特和亚里士多德提出了一个非常重要的主张，并作为常识流传了几个世纪，即人类与自然是分离存在的，人的技术只是对自然的模仿。因此，在这个基本观点中，模拟更多地应用于一般意义上的对等，而不是更亲密的人性。

我们从阿诺德·盖伦（Arnold Gehlen）的作品中加深了对人类情感的理解，盖伦和德国技术哲学学派的马丁·海德格尔（Martin Heidegger）是同时代的人。盖伦想把早期的哲学辩论带到另一个领域，提升到另一个层面的探究。他不仅意图从哲学的角度思考分离问题，而且想从人类学的角度或从人类的过去和现在的角度思考分离问题。这种更具包容性和整体性的方法后来被称为"哲学人类学"。盖伦在他的《技术时代的人类心灵》（*Man in the Age of Technology*）一书中指出，从人类目前的进化状态来看，可以追溯到 20 万年前人的身体和认知状态，我们生来就是"未完成的"——供给不足的、"装备不足的……有感觉器官，天生毫无防御能力，赤身裸体，完全处于胚胎阶段，只有不足的本能"。在盖伦看来，人类向技术发展的趋势对我们的生存至关重要，一旦完成向技术的转变，模拟就成为"人类的有机体和本能的缺陷以及恶劣的自然环境"之间的纽带，所以人随着科技进化成为智人。我们并没有"意识到"人出生时仍是"未完成的"状态，所以新生儿在没有营养供应的情况下无法生存。但与其他物种不同的是，人类已经发展成为一种能够通过技术生存的生物——或者作为与我们的环境和物质世界持续互动的技术。

数十万年前就已经出现了技术与自然的合一。正是在那段不为人知的痛苦的生命进化过程中，生物经历了无数代的突变和适应，导致人类最早的物种作为工具制造者和使用者的能力达到了人类可以开始生存的水平。在最基本的层面上，盖伦提出的"行动圈"恰好呼应了这一联系，这是一个古老的，也许是最古老的互动过程。正如他所说，人与技术的关系"经过物体、眼睛和手，然后在回到客体时结束并重新开始。"他接着说："外部世界的模拟过程阐述了一种'共鸣'，通过关注外部世界中与人的本性相呼应的东西，向人传达了一种与人的本性之间的亲密感觉。"如果我们今天还在谈论星星的"运行"和机器的"运行"，这样会引起更深层次的相似性，通过这种"共鸣"，继而向人们传达关于自身本质特征的某些独特概念。通过这些相似之处，人们按照自己的形象来解释世界。反之亦然，人们按照世界的形象来解释自己。

> **我们随着科技进化成为智人。我们并没有"意识到"这一点。**

在这些句子中，盖伦的定义显然呼应了"共鸣"一词。他谨慎地选择了这个词。"共鸣"一词来源于拉丁语，意为"回声"或"振动"的意思。这与一般意义上的模拟相呼应，暗示了一种感官和身体上的联系，当某事或某人与你"共鸣"时——例如，某人可能传递出一种或积极或消极的"感应"，如果他在某种程度上感受到这种共鸣进而形成了一种融洽的关系，就会形成潜在的结合。这就是盖伦想要表达的：一种统一性、一种"亲密的感觉"，或一种理解，它将人类置于技术的中心，而这些技术则是由人类自己从直接环境中提取的自然元素组成的，比如石头、木头，以及后来的耐用金属。

盖伦的书最早于1950年在德国出版，当时数字技术还没有全面出现，模拟技术以及人类与模拟技术的关系还不是一个容易被问到的问题。此外，盖伦关心的不是人类本身是否模拟的问题，而是意图建立人类与技术和自然的"外部世界"的统一。

如今，越来越多的思想家持续关注模拟的一般意义，以及它在不断扩大的数字环境中对生活的启示。例如，西尔维娅·埃斯特韦斯（Silvia Estévez）是一位研究人类迁徙和技术使用的人类学家，她提出了一些有价值的见解，即模拟的一般意义如何让人类不仅以不同的方式看待与数字有关的世界，而且也以不同的方式看待人类自己。埃斯特韦斯告诉我们：人类是模拟的，即"模拟人类"，人类不能很好地与计算机结合。她引用计算机科学家查尔斯·佩措尔德（Charles Petzold）的话写道："人和计算机是两种完全不同的'动物'。"为了说明两者之间的区别，埃斯特韦斯在模拟的一般意义的基础上阐述了"等价性"、"比例性"、"平行性"和模拟的其他定义，比如关于人类以及人类与技术的关系的一些基本观点。

埃斯特韦斯写到"模拟机器"，即使是像火车或轮船这样复杂的机器，也能"模拟人类以前在自然界和自己身体中存在的过程"。借由人类与模拟机器的连接和共鸣，将人类直接置于技术过程之中。对埃斯特韦斯来说，模拟技术的一个关键特征是"其活动以一种可见的方式跨越时间和空间，使人类能够掌握运动及其效果、过程和连续性之间的联系"。换句话说，人类对模拟技术的作用有了认识，所以我们在某种程度上可以发现和理解，模拟技术究竟做了什么，以及是如何做的。我们认识到了技术的作用，因为"过程和连续性"是迭代的。例如，先有了马车和马才衍生出了汽车，再往前追溯，我们认为马作为一种交通工具提升了人类自己通过走路或跑步出行的能力。若将其与一般的数字过程进行比较，我们大多数人都无法充分认识到数字网络是如何缩小时间和空间的，以及物理空间是如何日渐变得虚拟的。这是因为，不同的技术范畴中，技术逻辑的"过程"也不尽相同。正如早期的数字理论家格雷戈里·贝特森（Gregory Bateson）所言，模拟系统是连续的，而数字系统是非连续的。数字的逻辑活动方面没有"连续性"，在我们可以追溯到更古老的人类技术和人类学根源的迭代历史过程方面也不存在连续性。

麦克卢汉（McLuhan）的观点让这个整体模拟的故事更有分量。麦克卢汉就是这样一位不同寻常的人，他是一位技术哲学家，他的思想抓住了时代的精神。他的《理解媒介》（*Understanding Media*）一书轰动一时，受到了数百万读者的追捧。在一个以大众为媒介的社会中，读者很少能从这样博学而有力的角度了解人类与技术的关系。麦克卢汉的思想是当今高中和大学媒体和传播学课程的主要内容，他的著名格言为读者提供了一条理解他更深层次思想的方便捷径。

两种关于模拟的"麦克卢汉学说"盛行一时。一个是麦克卢汉提出的概念（顺便提一句，早在十多年前，阿诺德·盖伦就提出过）："任何技术都是人类身体的延伸。"技术变成了一种延伸，或者如他所说的是一种"伺服系统"，"（印第安人）是独木舟的伺服系统，就像牛仔是马的伺服系统一样"。换句话说，技术"放大了人的自身存在"。例如，古代的燧石小刀是人类牙齿或指甲活动的延伸和进阶，书籍放大了人的认知，眼镜是人类视觉能力的放大或延伸。由此我们了解了埃斯特韦斯的认可标准，这种放大或延伸的过程和连续性是迭代且清晰的。这个过程可以扩展到包含大量的模拟复杂性。因此，随着技术的发展，以现代的飞机为例，它不仅是通过机械飞行来延伸了人的身体在空间中的移动范围，而且是对飞行本质的一种"模仿"。在这方面，人类掌握的技术实现了盖伦所谓的替代技术，即飞机或潜艇之类的技术。这些技术替代了人类天生不具备的器官或能力。

麦克卢汉的另一句名言是"媒介即是信息"，它同样阐述了对人类与技术联系的深刻见解。在《理解媒介》一书中，他明确地定义："任何媒介所引发的个人和社会后果，以及对人的所有延伸——都是由人类自身的每一次延伸或任何新技术引入人类事务的新标准所导致的。"

媒介是最重要的。技术始终是人类自身的延伸，所以最关键的是技术能够使个人或社会做些什么。这就是潜力所在，因此技术发展依靠人类与模拟技术的相互作用。本书的剩余章节将重点论述这一观点，即真正的信息是与技术交互中固有的潜力，这种潜力将人的维度置于过程的核心。5万年来，它一直是一种与惯性相对抗的动力或激励力量，使人类始终与技术互动，进而解决人类的问题，满足人类的好奇心，并几乎总能提供作为"新标准"的潜力，这意味着提高人类的能力，提升技术创新。

在深入论述之前，我们有必要回顾一下现实的状况。如果我们想从基本知识的角度获得最多的知识，那么关键在于清楚我们想到模拟时会联想到什么。从更广泛的历史意义上说，我们都应该更多地了解"模拟"的构成要素。然而，近年来模拟的地位经常被人忽视，这在某种意义上证明了计算机化引发了模拟的生活方式迅速退出人们的生活。其中一个可能的原因是，人类从来没有真正仔细地反思过自己与模拟技术的关系，因为我们与前数字技术的关系更像是夫妻关系，因为在十几年前，模拟是人类唯一的伴侣。没有什么可以质疑模拟与人类的关系，以及人类与模拟的关系。当然，模拟作为一种过程、一种关系、一种技术并没有消失。只是数字技术突然在如此多的领域主宰了现代生活，以至于人类从来没有真正适时地反思过一个非常明显的问题：是什么取代了模拟技术，成了主宰人类集体和个人生活的主要技术逻辑？

　　《牛津英语词典》的词条清楚地显示，analog 一词的含义中涉及了人的因素。而我综合了这种涉及更广泛的学科知识的定义，对模拟进行了重新定义。我认为：模拟一词起源于希腊语和拉丁语，我从词典编纂者塞缪尔·约翰逊的知识分类学，从哲学人类学和社会人类学，从环境哲学和认知科学这几个角度，解释了人类、技术和自然之间古老的模拟互动。这也正是麦克卢汉在《理解媒介》中所理解的一种互动。1967 年，约翰·卡尔金（John Culkin）在评价麦克卢汉的这本书时给出了更为恰当的定义，他的定义如下："人类成了自己所看到的……人类塑造了工具，而后工具又反过来塑造人类。"此外，他可能还补充说，这种模拟的联系从自然中提取物质，并通过不断的创新、适应和技术表达（作为关系的一个方面）重新构建了自然环境。而这种联系在整个人类历史中无限地循环出现。

与此同时，模拟的定义忽略了人类和自然的诸多方面，使我们忽视了它在西方文化的历史进程中所代表的意义的多样性。如果只是从技术意义的层面解释模拟，我们就强化了斯特恩（Sterne）所谓的"常识"的定义，这也不可避免地忽略了意义的深度和人类与技术及自然世界的历史。实际上，它掩盖了一种共生和适应的关系，这种关系远超出我们目前所认为的程度。但正如我们将看到的，理解自己是模拟过程的一部分，事实上，人类模拟自己，不仅恰当地将自己置于人类技术历史的中心，而且表明历史不仅是关于技术的进化，而且是关于人类的进化，人类既是使用技术的生物，也是富有技术性的生物。

3

第三章

复古模拟（数字机器中的僵尸）

　　我们生活在一个数字通信的世界里，大多数人都习惯了线上生活。新冠疫情就验证了这一假设。这场突发的卫生事件迫使数百万人被限制出行并保持物理距离，这拉开了人与人之间的距离，但反过来人需要更接近电脑和手机，从而获得虚拟的友谊、慰藉、娱乐和工作。麻省理工学院媒体实验室的创始人尼古拉斯·尼葛洛庞帝（Nicholas Negroponte）早在 1995 年就做出了这样的假设。他曾写到，人类正朝着数字化发展，随着新的计算机技术的普及，计算机字节将与原子融合，形成一种新型人类。他指出，这种技术转型同时也会导致电视等模拟技术及其在 20 世纪下半叶建立起来的庞大生态系统将被淘汰，甚至人类看待技术的方式也将被扔进"模拟思想的养老院"。人类只能被迫适应，疫情引发了虚拟世界的爆发式增长。这表明，很多线上的活动可能不是一种好方式，但是一种现实的方式。

　　事实上，已经有一代人朝这个方向迈进了，甚至更久。20 世纪 70 年代初，"信息社会"已经是一个公认的"主流"。

丹尼尔·贝尔（Daniel Bell）告诉我们，人类正在朝着"后工业化"迈进，这意味着我们更需要成为"知识工作者"，而不是机器操作员。西方社会越来越以服务生产为中心，而计算机建立了知识、服务以及不断变化的经济和社会之间最基本的联系。然而，多数的专业学者和经济学家都注意到了人从与物质交互到与某种信息交互所引发的社会学和心理学上的变化。例如，罗伯特·M.波西格（Robert M. Pirsig）在1974 年出版的《禅与摩托车维修艺术》（*Zen and the Art of Motorcycle maintenance*）一书似乎触动了读者的心弦，这本书一经出版就大受欢迎，至今依然还在再版印刷，显然是有史以来最受读者欢迎的哲学书。这是一本以个人"品质"哲学为框架的公路旅行书。这本书全文四百余页，展现了波西格对户外和路上的生活充满了热情：关于荒野、山脉、河流和天空，还有诸如在美国西北部某处的树荫下停下他的摩托车，一边清洗火花塞，一边保养火花塞上的瓷器部件。许多从未骑过波西格那款 1966 版本田超级鹰摩托车的人，在他的笔下都感受到了一个看似更真实，但更有触感的时代的挽歌。史密森尼博物馆（Smithsonian Museum）在 2019 年购买了波西格的那辆本田摩托车，这是对人类与这些机器联系重要性的一种肯定。

当然，模拟机器，包括能够给予人类自由的摩托车和汽车不会一夜之间消失。在一个"修复"的过程中，许多人只是或多或少地数字化了。例如，打字机完全变成了文字处理器。黑胶唱片被激光唱片（CD）取代，成为一种另类的东西，虽然依然能够播放音乐，但效果大不相同。被取代的电话、电视、报纸、相机、胶片，甚至模拟计算机本身，要么适应了新的逻辑，以半过时的状态回到了它们的"养老院"里（比如模拟时钟），要么因为缺乏与数字对手竞争的能力而逐渐消失（音像制品、AM-FM收音机、真空管、凸版打字机等）。

模拟机器和模拟工艺仍然存在于我们生活的许多领域，并仍然发挥着许多重要的功能。然而，文化记忆的问题在于，它们被无处不在的数字逻辑所掩盖，以至于它们被人的潜意识遗忘，或者完全从使用和视野中消失。正是这一点使我们产生了在前一章中看到的怀旧感和匮乏感。模拟亚文化中随处可见这样的表达。发烧友们谈到磁带机或黑胶唱片声音中的"温暖"，这是刻录成CD的行业标准MIDI电脑文件发出的"冰冷"的音调所不具备的属性。同理，有人认为，利德贝利（Leadbelly）的吉他和人声，或玛丽亚·卡拉斯（Maria Callas）的中声道女高音，在黑胶唱片中的音效比CD更好。许多人都说，也许更多的人无意识地认为，一张黑胶唱片，一本新书的味道，甚至是难以捉摸的强大的长波无线电信号，接上了模拟接收器之后才是真正真实的东西。真实性是"复古"这一文化现象的强大驱动力。而"复古"是一个 20 世纪 70 年代的新词，存在于模拟的基本知识中并有了自己的地位。

真实性是复古文化现象的强大驱动力。

美国克罗斯利公司成立于 1921 年，但 1956 年就已经宣布倒闭了。这段时期恰好与美国的现代化高速发展时期相吻合，这是福特式大规模生产的黄金时代，将美国推向了全球超级大国的顶端。克罗斯利公司的创始人鲍威尔·克罗斯利（Powel Crosley）被称为"收音机界的亨利·福特（Henry Ford）"，公司的总部设在肯塔基州的路易斯维尔。该公司除了生产收音机，也经营汽车制造的业务。20 世纪 50 年代，电视机逐渐成为另一项重要的消费产品，汽车和收音机仍然是战后美国的标志性产品。克罗斯利本身就是那个时代的迷你偶像。公司名称、时期和产品共同构建了诺曼·洛克威尔（Norman Rockwel）式的物质富足世界。

但奇怪的是，克罗斯利公司当时就破产了。1956 年，美国汽车制造业包括福特、雪佛兰、普利茅斯和其他汽车品牌的总产量达到了 620 多万辆。也是在这一年，猫王埃以维斯·普雷斯利（Elvis Presley）的首张同名专辑的销量高达数百万张黑胶唱片。仅成为汽车盘式制动器的先驱是不够的，第一个在汽车中安装按钮调谐的无线电收音机也未能拯救克罗斯利破产的颓势。他们生产的跑车和收音机虽然有一天会成为收藏家追捧的价值连城的物品，但同样未能挽救这个典型的小型农村公司长期受到大城市公司市场力量的打压，即使在公司的鼎盛时期也是如此。

更奇怪的是，在 1992 年，一家路易斯维尔的营销公司发现了"克罗斯利"这个品牌，这家新公司开始生产 20 世纪 50 年代、60 年代和 70 年代复古风格的黑胶唱机（图 2）。之所以我说奇怪，是因为这样的冒险对当时的音乐行业来说，根本不是什么好的时机。数字光盘已经问世了十几年的时间，黑胶唱片的销量已经大幅下降。据称，这种不易刮伤不易破损的 CD 一直主导着音乐市场。到 2000 年左右，纳普斯特（Napster）一类的在线盗版音乐网站以及后来的声破天（Spotify）等流媒体音乐平台，使 CD 唱片消失于市场之中。回顾这一大胆的举措，克罗斯利公司在其网站上宣称："我们的第一张唱盘发行于 1992 年，当时还是激光唱片的天下。当时所有人都觉得我们疯了。但现在，在受众已经习惯了新的音乐形式的 30 多年后，我们成为 21 世纪黑胶复兴的最大制造商和潮流引领者之一。"

　　尽管在网站上进行了宣传，但人们对其产品的评价褒贬不一。例如，Reddit 唱盘网络社区上的帖子从"非常糟糕"到"发生随机跳过歌曲问题"不等。《卫报》的乐评人亚历克斯·佩特里迪斯（Alex Petridis）在评论克罗斯利对黑胶复兴的贡献时指出，他给女儿买的唱盘"质量很差"，调臂得用硬币压住才不跳针。佩特里迪斯用委婉的语气批评说："它们确实看起来很有趣，高保真设备很少能做到这一点。他们不需要任何设置：只需要插入唱盘，就能开始播放。"

图 2　克罗斯利公司网站的截图

　　需要说明的是，这种技术的确非常有吸引力。但对许多年龄足够大的成年人来说，这是一种乐趣与怀旧的结合。他们的回忆产生了这种怀旧的情怀，除了为数不多的高端高保真系统，许多前数字时代的大众唱机都很便宜，质量也很差，许多人都会用透明胶带硬币"修整"音调臂。克罗斯利网站所说的模拟复兴不限于唱机转盘。它的复古产品还涵盖了在健康消费市场上销售的自动点唱机、壁挂式电话、卡带机和高保真音响货架等。在音乐模拟市场上，克罗斯利并不是唯一一个重出江湖的品牌。举个例子，德国某一线品牌制造的昂贵的卷轴式磁带录音机受到了鉴赏家们的追捧。在磁带市场的另一端，面向大众消费者的 1979 年索尼随身听（Sony Walkman）卡带播放机又重新流行起来，你可以在超市里买到这款播放机，还附带一个有杂音的 AM-FM 收音机。

　　这些产品都是在复古的主题下进行了大量的更新。大卫·萨克斯的书《模拟世界的复仇：真实之物以及它们为何重要》（*The Revenge of Analog: Real Things and Why They Matter*）试图以一种读者可以理解且令人愉快的描述歌颂和理解复古。看上去，书名应该是出版商起的，这句朗朗上口的话让人想起了 20 世纪 50 年代的一部科幻电影。书名中的副标题更有趣，这或许也是萨克斯写这本书的动机。他所谓的"真实事物"，可以追溯到西方集体文化中过去的神话故事。这再次让我们想起诺曼·洛克威尔那个时代的芭比娃娃、火车模型和核心家庭，那个时代的食物更好吃，也更健康。但这是一个想象中的时代，在当时机器非常受用，也能满足人们的需求。在那样的时代，机器和产品都是在本地生产制造的，而且质量上乘、经久耐用。

萨克斯的书涵盖了一些你可能会感兴趣的话题，比如黑胶唱片的再次爆火可能会让克罗斯利公司从中受益。他告诉我们，到 2007 年，美国黑胶唱片行业几乎绝迹，当时需求极度萎缩。美国为数不多的老式唱片出版社当年只印制了 90 万张唱片，这和 20 世纪 80 年代初逾 3 亿张的顶值相比，简直不值一提。然而，老派唱片销量从历史最低点有所反弹，2015 年销量超过 1200 万张。最近的分析证实，黑胶唱片的销量自 1986 年以来首次超过了激光唱片。但萨克斯认为，他的意义远远超过了（通常）由聚氯乙烯油基化合物制成的黑色唱片。这是一种神秘的东西，从未得到充分的解释，却被表达为一种无法抑制的渴望、一种怀旧之情、一种好奇心，或者说是人类对"真实事物"的需求。在某些方面，萨克斯的观点有点形而上学，他写道："模拟体验可以为我们提供现实世界的乐趣和数字体验无法给予的嘉奖。"他认为，生活中数字化渗透得越多，人们就会花更多的时间和金钱从那些能引发我们内心共鸣的事物中寻求某种安慰。如今，即使是

"婴儿潮"❶之后出生的人，也在为自己寻找模拟的经验。年轻一代的文化"秃鹫"并非出于重拾一些逐渐消逝的记忆痕迹做出一些不切实际的尝试，而是出于对另一种技术类别天然的好奇心，这种技术的外观和感受与他们从小耳濡目染的数字产品大相径庭。

　　商业期刊和财经增刊引领着新闻业的模拟复兴，其原因很明显，模拟复兴构成了新的业务和新的产业。萨克斯用了一整章来讲述桌游的"复仇"。他所谓的桌游的"复仇"是一种对"真实"文化的渴望，这种渴望催生了一个价值 100 亿美元的产业。这是一个建立在大富翁和 Connect-4 等传统桌面游戏基础上的业务，这些游戏从未真正消失过。然而，它也包括那些诞生于数字和虚拟，但转世为纸板和塑料的"真实事物"的游戏，如《魔兽世界》（*World of Warcraft*）和《星际争霸》（*StarCraft*）等游戏在各类人群中都取得了不俗的销售业绩。然而，桌游只是"复仇"市场的利基端。在 21 世纪前 10 年，图书、图书出版商和书店都在靠经济救助维持运营。随着社交媒体的出现和所谓的"注意力经济"的出现，人们逐渐花更多的时间在网上。从 2007 年左右开始，新型电子阅读器进入了数百万人的阅读生活，但花在数字设

❶　本文是指 1946 年至 1964 年的时间段大量出生婴儿的时期。——编者注

备上的时间是零和时间，即占用了从事其他活动的时间。花在阅读设备上的时间直接减少了花在纸质书（以及杂志和报纸）上的时间。2011年，曾经是小型独立贸易商宿敌的鲍德斯书店（Borders Bookstore）陷入了破产清算的境地，就像之前因为它的垄断地位而遭遇破产的成千上万家其他书店一样。然而，电子阅读器的篝火并没有燃烧太久。从2014年左右开始，电子阅读器的销售开始停滞，图书的销量开始回暖，甚至在美国市场略有增长，在接下来的5年里平均增长了0.3%。可靠且客观的销售数据分析显示，从行业"转型"的角度来看，这种模拟与数字格式的竞争未来将会告诉我们电子书是否已经达到了消费者渗透的自然水平，并将在模拟替代品的基础上找到最终的归宿。然而，我认为，"现实世界"中的读者之所以看中纸质书的阅读体验，最主要的是人性发生了变化：书之所以能保存下来，是因为目前它在我们的模拟遗产中有着深刻的地位和意义，不会被大约3500年前出现在美索不达米亚的数字版本的古代书写板淘汰出历史进程。我将在下一章中详细介绍这种最古老和最重要的模拟技术。

桌面游戏和纸质书只是模拟觉醒的一部分，萨克斯和其他学者认为这是人类对数字技术的普及所带来的疏离体验的反应。例如，大卫·霍克尼（David Hockney）等人用平板电脑和手机创作的艺术作品就是一种新的艺术形式，被人们广泛了解和喜欢。使用模拟钢笔、铅笔、刷子、木炭和各种纸张、油漆纹理和颜色的应用程序，霍克尼创作了他展示和销售的作品，这些作品就像真正的纸质印刷品和咖啡桌上的书一样。如今，有成千上万的可供销售或免费下载的应用程序，从基本的儿童手指画软件到专业的标准工具。然而，这种始于 2000 年左右的风潮几乎与全球艺术和工艺用品行业的蓬勃发展同步。"真正的"产品，如油漆、铅笔、钢笔和其他绘画和工艺工具的销量比以往任何时候都要多。2019 年，一本行业期刊报道了该行业的良好发展势头，将 DIY 艺术的新热潮称为"灵魂的表达"，并将模拟与真实性和触觉意识更广泛地联系在一起。

真实性一直是模拟复兴的关键词。在大众心目中，真实性越来越多地和文化实践联系在一起，这意味着重新发现另一种更好、更真实的方式。我们在手工啤酒、现煮（不是速溶）咖啡、修理东西、再利用、回收、DIY 等实践中看到了这一关键词。例如，起源于维多利亚时代英国的伊尔福德相纸公司（Ilford Photographic Paper Company）在其网站上写道：如今胶片相机、相纸和众多暗房设备的销量不断增长。该博文推测，面对不可阻挡的数字虚拟产品，这些购买行为是为了创造一种"模拟社区"的更广泛愿望的一部分。萨克斯的

"真实事物"也与蓬勃发展的"幸福"行业联系在一起,该行业通过对一个人的心理健康、生活目标、积极和幸福的意识论述,在很大程度上创造了对真实性的需求。

皮尤研究中心(Pew Research)在模拟技术的背景下对幸福进行了研究,并组织技术专家和教育工作者撰写了名为《数字生活的积极方面》(*Positives of Digital Life*)的报告,并对数字生活的消极方面的研究结果进行了发表。例如,关于洗衣机和幸福感的关系,一位受访者提出了反对的观点:

数码洗衣机洗衣服洗得更好吗?有时的确如此。我喜欢并使用了数码洗衣机 20% 的功能。但总的来说,我对我的旧的模拟洗衣机非常满意。数码洗衣机更贵吗?没错。它坏得更快吗?是的。假如坏了,还能修好吗?不能。数码机器是否使我更感压力?是的。总的来说,数码洗衣机是否能改善我的健康状况?不能。它甚至不用连接到物联网,都能偷偷地收集我丢失的袜子和用水的数据。仅因为人类可以把一切都数字化并不意味着我们应该这样做。在某些情况下,更简单的模拟工具能使我们更加幸福。

真实性对波西格的摩托车奥德赛而言非常重要。为了更接近自然,更接近我们从自然中汲取的工具,通过这些工具，我们将自己塑造成自然的一个组成部分，这显然很有吸引力。1974 年《禅与摩托车维修艺术》出版时的世界与我们现在所处的世界大不相同。但是，波西格的意识反映了一些生于 19 世纪的浪漫主义诗人——如华兹华斯（Wordsworth）和歌德（Goethe），或艺术家如威廉·布雷克（William Blake），或环境学家如梭罗（Thoreau）——的观点，他们都认为工业现代性的内核隐藏着一个可怕的真相，认为这是一种失控的机器逻辑，是一个将人类与自然界的"真实事物"分离开来的魔鬼。如今，数字自动化和虚拟技术将这一过程带入了另一个维度。自然的丧失是浪漫主义的一个特征。后来，这种自然的丧失又融入了数字时代关于自动化和黑盒复杂性意味着什么的想法，这意味着人类通过制造产品而长期积累的技能在逐步丧失或衰减。

　　理查德·桑内特（Richard Sennett）被称为是"模拟世界的社会学家"。他于 2008 年写了《匠人》（The Craftsman）一书。他受到波西格的观点的影响，认为虽然工匠人或作为制造者的人正在与工具和技能一并消失，但它们都是制造质量和品质中不可或缺的元素。此外，"哲学家机械师"马修·克劳福德（Matthew Crawford）在他的《摩托车修理店的未来工作哲学》（Shop Class as Soulcraft）一书中指出，巨大的销量填补了许多美国人在思想和身体上的经验缺失。这本书在国

外的标题被译成是 *The Case for Working with Your Hands*，直截了当地呼吁回归工具。我们都应该接触真实而客观的现实世界，但由于过度教育、机器人生产线、办公室隔间和几乎所有东西的自动化，真实的世界已经从我们眼前消失了。克劳福德曾获得哲学博士学位，但在事业上他却选择了经营自己的摩托车修理店。他每天都用自己的双手与世界打交道，运用自己的判断、直觉和对事物如何运作以及如何更好运作的隐性知识。在他看来，这些技能是由于数字"工具"的异化效应，才得以在短短几十年里取代了数千年的触觉实践。他所认为的人类学习和运用"动手"的重要能力，就像桑内特所谓的"物质意识"一样被献祭在后工业化的祭坛上，被认为是过时的体力劳动，属于一个过去的生锈时代，硅谷正在以进步的名义对所有人的能力进行升级。

正如我刚才说的，模拟的逸事、历史和故事会继续流传下去。还有很多例子也证明了的确存在这样一种渴望，其表现形式为文化的"复兴"，或者表现为对模拟"复古"产品消费市场的热情，或者表现为对数字"进步"现实的更深刻的沮丧或失望。但我们需要停下来问问自己：为什么我们中的许多人会有这种感觉？

卡罗尔·怀尔德（Carol Wilder）在她的文章《模拟》中提出了这个问题。怀尔德想知道："是什么让模拟如此诱人、如此有说服力、如此'真实'？"她从人类的情感和理解的层面思考这个问题，并探讨在现代生活中，模拟如何加剧了其与冷酷的计算和效率之间的矛盾，即使是在看似微不足道的层面上。因此，例如，她想弄清楚为什么（1997 年）"纽约地铁系统的运营者在让乘客放弃使用模拟铜币，转而使用数字化地铁卡时遇到了很大的阻力"的原因在怀尔德看来，说明了人类对物质事物的难以言喻的依恋。但我们仍然需要问：即便纽约市交通管理局（New York City Transit Authority）发行的铜币车票的确很吸引人，为什么会比一张一次性的电子车票卡更受乘客青睐？为什么乘客如此看重铜币车票？

我们中的许多人会有这种通常根植于过去和遗传的思维方式。从语言本身的层面看，我们经常无意识地使用隐喻的说法，借此人类也能了解语言的含义以及由此产生的人类行为。所以，我们或许会疑惑：为什么那些描述模拟技术的词，那些不再被使用的技术，依然是日常语言中的流行话题？例如，为什么我们会说我们仓促地做了某个决定？或者说一个冲动的人做错了事情是一种本末倒置的行为？

语言学家乔治·莱考夫（George Lakoff）和哲学家马克·约翰逊（Mark Johnson）一直在宣扬隐喻在人类如何相互交流他们对世界的认识中的作用。在他们共同撰写的《我们赖以生存的隐喻》（*Metaphors We Live By*）一书中，他们写道："隐喻在日常生活中无处不在，不仅出现在语言中，而且根植于人的思想和行动中。人类赖以思考和行动的普通概念系统从本质上说就是隐喻。"

换句话说，人类很多时候会下意识地自动使用隐喻，所以我们无时无刻不在传达我们的头脑和文化中的东西。当然，隐喻是嵌入在语言中的，但莱考夫和约翰逊认为"隐喻在日常生活中也无处不在"，也遍布于我们的思想和行动中。他们的观点很有启发性。就像日常语言和生活中用隐形墨水写的密码一样，我们象征性地描绘一幅画来向他人讲述一件事情，就像我们在沙子上画一条线来指示这种或那种情况的界限一样。当我们说到真实的人时，当我们说某人正在开花或正在枯萎时，我们确切地知道想要表达的是什么。隐喻作为语言对象，使我们能够以一种进化的方式关注这个概念，而且这个概念已经深入到人类的潜意识中，以至于我们几乎根本不需要训练它的实际操作。

语言是动态发展的，我们使用的隐喻也表明世界处于不断的变化发展之中。新的隐喻不明就里地出现了，其起源也不言自明。我们可以把这种循环看作是源自生物学家理查德·道金斯（Richard Dawkins）所说的"人类文化之汤"的模因。的确，道金斯创造了"模因"这个词，这个词来源于希腊语词根"mimeme"，意思是"被模仿的东西"，这个词的意义和功能都与"模拟"很接近。隐喻是通过语言载体来传递的，并不断吸收文化记忆和文化实践，因此我们可能会发现某种隐喻的说法要么持续且深入地嵌入语言之中，要么逐步弱化直至消失。

以技术为基础的隐喻在英语中随处可见。我们随处可以看到它们的踪迹，比如编辑用斧头"砍掉"一位不幸作家的手稿，或者美国职业橄榄球联盟（NFL）的跑卫像一台推土机一样冲破对手的防线。有些隐喻古老且令人心生敬畏，政治生活中也充斥着类似的隐喻，比如选举中，一方以压倒性的优势获得了选举的胜利；又如"支点"这个力学术语也意味着改变一个人的看法或观点；摄影的术语"快照"也意味着阐释民意调查的背景。旧的隐喻与新的隐喻相互竞争，成为语言的一部分，比如"moving the needle"（挪动针）可以表示投票意向或政治态度的转变，再比如另一个近代政治起源的隐喻短语动词"dial down"（降低）可以表示缓和争论的激烈程度或意见不合的强度。

语言中的隐喻就好像是居住在数字文化和社会机器中的一具不死的模拟僵尸。就像我们刚刚列举的那些例子一样，它不是作为文化复古而存在，而是作为文化记忆而存在。但是模拟僵尸不只是记忆，也不只是僵尸，而是存在于我们的语言、身体形态和人类与物质世界的关系中的一种进化形成的表达。模拟隐喻表明我们的生活中存在缺失或空白，因为我们用它们来保持我们与技术关系的痕迹和联系，这些技术使人类成为现在的模拟生物。

但讽刺的是，人类语言中的模拟隐喻帮助我们建立了一座从实体模拟世界到虚拟数字世界的概念桥梁。计算机科学家艾伦·凯（Alan Kay）提出的"桌面隐喻"的观点，使我们看到了文化技术进步的一面，桌面隐喻的产生是为了引导外行了解数字化的一个关键方面：20 世纪 80 年代由微软公司和苹果公司推广的"个人电脑"革命。"桌面"的隐喻本应是一个令人担忧的信号，它揭示了 20 世纪 80 年代个人电脑革命的实质——一场席卷全球的商业革命。

> 语言中的隐喻就好像是居住在数字文化和社会机器中的一具不死的模拟僵尸。

这基本上是一个无意识的过程，但我们通过图形用户界面（GUI）和自然用户界面（NUI）被那些以商业用途为主要目的的复杂机器所吸引。这使得连孩子都能"理解"计算机有哪些难以攻克的技术难题。人机界面是人与计算机交会的地方，也是我们告别模拟世界、进入虚拟世界的地方。以前在公众心目中，计算机是与军事和公司业务应用有关。所以，为了使计算感觉看起来"用户友好"，界面的设计融入了卡通和幼稚的元素。回想一下，当识别是构成模拟过程的其中一个关键方面时，桌面需要具有模拟的外观，并在现实世界中具有相应的等价物，如此我们才能"了解"我们被邀请进行什么样的操作。当前的手机和笔记本电脑都有"桌面"，桌面上包含有 80 多个应用程序，不同的应用程序有不同的图标。但是当公众第一次接触到个人电脑以及后来的移动电话时，图标语言只是用简单的图标表示其所代表的模拟方法或设备。许多图标仍然在提醒我们以前的技术世界。时钟图标代表了一个模拟时钟；摄像快门图标代表了手机摄像头；视频功能代表了模拟电视等。数十亿人使用的沃茨普（WhatsApp）软件，它的图标是一个模拟电话听筒，许多用户可能从未使用过这个软件，甚至从未见过这一图标，但仍能知道它的功能是什么。

由于应用界面的外观看起来似曾相识，迎合人类的文化，并且看起来像是模拟界面，所以我们知道如何在应用程序的界面上进行操作。

应用程序的图标架起了现实世界和虚拟世界之间的概念桥梁。正如刚才提到的，图标的部分作用是简化过渡的难度，但同样重要的是，图标赋予了虚拟相似性"诱人"、"有说服力"和"真实"的特征，卡罗尔·怀尔德认为这是模拟技术最基本的吸引力，也是复古文化的心理源泉。但事实并非如此。图标代表了一种已经过时，或者已经发展成完全不同形态的技术过程，比如打字机发展成了笔记本电脑。因此，诸如苹果手机中的旧电影相机图标以及 GPS 功能的路线图图标，都是一种深刻的隐喻，存在于一个通向虚拟单行道的数字阈值空间或门槛中。同样，无处不在的屏幕（即一般的界面）也指明了一个方向：向数字化和虚拟化发展。但在我们的背后是一段历史，一种血统，一种可以追溯到几千年前的关系。

但人类很少回望过去，因为人类自己设计的互联网总是让我们向前看，并在虚拟的时间和空间中前进。正如桌面这一隐喻本身的象征意义和它提醒我们的那样，人类永远无法完全摆脱我们是谁和我们是什么的问题，即具体化的模拟随着技术的发展而发展。模拟作为一种技术，触觉可识别的技术，其逻辑是可理解的，也是可靠的、熟悉的、真实的，与人的关系也非常紧密，以至于我们很难向自己或彼此解释这种逻辑。与虚拟技术相比，它的感觉和外观看起来都更自然。因此，当我们的直觉告诉我们虚拟技术和产品很多时候在满足感和真实性方面并不能完全满足自己的需求时，我们就会渴望真实的东西。

因此，模拟的"复古"时尚只是正在发生的事情的表面。如今，美国克罗斯利公司以及同类公司的复兴，不仅是为了怀旧或娱乐。黑胶唱片和高保真唱机的销量很可能迅速归零，但机器中尚未消亡的模拟僵尸一直在召唤文化中的其他东西，比如汽车手套箱里的道路地图、手动打字机（亚马逊和家得宝都有销售，原产地是上海的纯手工制作打字机）、蒸汽朋克、照相馆、单反相机、钢笔、幻灯机、水晶收音机，各种电子音响设备，一定会有你喜欢的一款。真正重要的不是技术本身，而是人与技术之间的关系。如果我们遵循进步和现代的逻辑，我们就不应该错失这种感觉和态度、感知到的真实性、扭曲的人性之材导致的精确性的缺失、对一个设备或事物或过程的自然吸引力。但是我们的确错失了这些感受。在当下不用花一分钱就能在任何时候用流媒体播放音乐的时代，为什么你要花 150 美元买一张极其昂贵的披头士《白色专辑》（*White Album*）黑胶唱片？但许多人都会花这 150 美元，因为它满足的不仅是空洞的消费欲望。尽管我们从客观的层面已经不再需要《白色专辑》、凌美（Lamy）钢笔、西孚尔（Schaeffer）墨水、可选活塞转换器和橡胶气囊这些东西，但这些东西可以构建与物质世界，甚至是与自然和宇宙的联系，它们和我们都是其中的一部分。技术构建了这种联系。技术是一种关系，一种联系，一段有着悠久历史的故事。

> 白色专辑和凌美钢笔这样的东西构建与物质世界，甚至是与自然和宇宙的联系。

4

第四章

古代的模拟：
文字、电脑、
时钟

动手做

　　"动手做"这个词给人一种积极的感觉，表示制造和做。尤其是在这个过度消费的时代，在这个塑料海洋和扔掉一切的时代，动手做与当前盛行的伦理基调和高度的道德规范相适应。就像回收利用或只购买当地的有机季节性食品一样，这表明人们意识到地球的可持续性门槛，并承诺在可持续性的原则内生存。当然，权宜之计还有其他的含义。"节俭""精打细算"等词都可以从"动手做"这个词中衍生而来。对许多人来说，它可以只是意味着没有足够的钱来购买我们需要的东西，因此不得不通过延长某些东西的寿命或在没有这些东西的情况下凑合度日。

　　无论我们如何看待"动手做"，无论我们认为这是一种积极的态度还是消极的斗争，它都将我们所有人直接置于物质世界、工作、消费和生产之中。制造、生产，并最终发生巨大的变化。自人类进化成一个技术物种以来，这就是我们的生存方式。

人类正是凭借制造和行动完成进化的，这也说明了人类的本质属性。正如我们在第一章中看到的，这也是人类赖以生存的方式。单靠使用最简单的工具，人类能够维持最基本的生活。从某种意义上说，人类对此的印象并不深刻。在人类 7 万年历史的大部分时间里，制造和行动的本领并没有阻止我们英年早逝。直到 3 万年前，人类的寿命才逐渐延长到 30 岁以上。从另一种意义上说，未进化完全的人类，在生来毫无防备能力的情况下能够存活至今，面对生活的考验，用阿诺德·盖伦的话来说，简直是一件不可思议的事情。但我们做到了。人类对环境的创造能力表明，人类几乎能够征服地球的任何地方。

例如，海伦·爱普斯坦（Helen Epstein）曾经这样评价足智多谋的古代因纽特人：

因纽特人从现在的西伯利亚穿过白令陆桥（Bering Land Bridge），在公元 1000 年定居在如今的加拿大东北部。在漫长而黑暗的冬季，凛冽的风雪甚至可以刺破暴露在外的皮肤，温度有时会骤降至 -50℃ 左右。在夏天，成群的蚊子会使驯鹿失血过多而死亡。除了浆果、苔藓和野花，几乎什么都不长，所以因纽特人只能捕猎海豹、鱼、鸟、北极熊、驯鹿、海象和鲸等。他们用雪、兽皮和苔藓建造房屋，穿着用海象骨片做成的针线缝制的皮衣。他们用鹿角制作了狗拉雪橇，用海豹皮包裹着冷冻的鱼，巧妙地用驯鹿骨头雕刻成护目镜，使眼睛免于被雪反射的光线刺伤。（图 3）

　　这种不屈不挠的精神已经篆刻在技术模拟的 DNA 中，数千年来在地球上不断上演，被应用于无数的灾难、成功或平淡的人类故事中。不论是因纽特人、阿兹特克人，或是其他什么人，会到达一个对他们来说似乎有希望生存或有共鸣的环境中，于是将就着留下来，或继续迁移，最终在其他地方定居，或者灭绝。

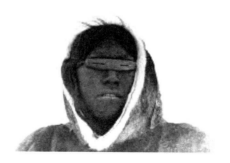

图 3　因纽特人最早使用的雪地护目镜，可追溯到公元前 1000 年

　　正如我们所了解到的，"共鸣"是人类对周围环境的适应

性，与此同时自然也在人类中找到了积极的回应。在我们自己的时代，我们可以把它看作是一种幸福或和谐，一种我们可以茁壮成长的心理场所，或者一种有潜力支撑我们的物理环境。在这种语境下，"潜力"的含义不仅是指可能的、抽象的或随机的东西。在人—模拟—技术这组关系中，潜力是潜在的东西。潜力是一种天生的动力，一旦人需要通过认知解决问题，利用新技术来应对新的环境挑战，潜力就会得到激发。直觉或隐性知识也能激发人的潜力，这种直觉或隐性知识来自人与技术的共鸣，也正是这种共鸣使我们的祖先成为人类和技术模拟生物。

阿诺德·盖伦认为这些动态的潜力体现了最早的技术使用者的思想和行为。当涉及日常事务时，祖先的直觉或隐性知识会导致他们的内心出现这样的声音，例如，我们的祖先发现了一根形状特殊的棍子，或者一根长度较长，强度和柔韧性又很好的干藤蔓，他们的内心会说："我要把这个东西带走，我可能会用到它。"只有人类才会这么做。我们之所以这样做，是因为技术的进化赋予了我们适应环境的自然能力，也赋予了我们调整自己适应环境的自然能力。适应性还有另外一层含义：当我们耗尽了一块土地的可持续性时，我们会离开，或者为了逃离更强大的竞争对手，带着我们的知识和工具逃离这块土地，在别的地方重新开始。不断地运动和变化。这也推动了人类与技术之间潜在的和潜伏的关系发展，这也就是我们今天所谓的创新的基础。

人类作为一种与自然及其物质有共鸣的模拟生物，并不意味着这种联系中的动态潜力会经由我们祖先的生活和劳动而迅速释放出来。几千年来，我们挣扎着抓住生命的岩石。人类社会在某种我们现在还无法轻易理解的程度上看似是静止的。在上万代人的时间里，人类的物种变化相对较小，或者只是逐渐变化。

> **"共鸣"是人类对周围环境的适应性，与此同时自然也在人类中找到了积极的回应。**

大约在 30 万年前，人类学会了使用火，这成为人类历史的转折点。火是一种替代技术，它赋予人类一种我们天生不具备的适应能力。这项技术使人类能够更快地通过燃烧和清理来改变景观，因而迅速与其他动物拉开了差距。由此，人类能够烹饪以前难以消化的食物，如小麦和大米，也逐渐学会耕种，因此人类居住的场所变得更加稳定，也降低了对一些地区不可预测的野生资源的依赖。定居是一种社会技术和认知的转变，它不仅使人类通过认识季节的模式、动物迁徙的模式，获得定居所需的必要资源和开发资源所需的新工具，更使我们深入地了解人类所生存的地域。定居也意味着社会经济复杂性发展到了新的阶段，新阶段表现为长期持续的物理邻近，以及新形式的合作、等级、组织和责任。新的方式又产生了进一步的需求，而需求又推动了人类有史以来最重要的模拟技术的发展：文字。通过文字，这种权宜之计和坚持的古老做法被赋予了一种极其强大的认知维度，永远地改变了人类在这个世界上的生活方式，以及物质世界本身。文字的发明，就像我们在漫长的进化过程中所经历的一切一样，是一个随机事件。然而，在石头、石板、纸莎草或纸张等媒介上的象征性标记一旦被固定下来，就会使人类走上一条非常固定的道路，并将导致人类在相当短的时间内直接进入计算机时代。

文字

我们并不完全清楚文字出现的方式和原因。尤瓦尔·诺亚·赫拉利（Yuval Noah Harari）在他的国际畅销书《人类简史》（*Sapiens*）一书中描述了触发文字出现的事件。当时的人口和财产达到了一个临界阈值，使人们的心智能力不足以存储使社会持续以一种或多或少有序方式运作的所有信息。

他在书中指出："解决这个问题之一的是居住在美索不达米亚南部的古代苏美尔人。烈日炙烤着肥沃泥泞的平原，土地收成大幅提升，也出现了繁荣的城镇。随着居民数量的增长，协调事务所需的信息量也在增加。在公元前 3500 年到公元前 3000 年之间，一些不知名的苏美尔天才发明了一种储存和处理大脑外信息的方式。"

人类最早的文字系统及其衍生文字就是楔形文字，即在黏土板等媒介上画出的抽象图形符号。楔形文字的前身是象形文字，或"图画文字"，是世界上某种物体的表意文字，如树木、河流或动物。因此，书写是技术进化中模拟人类的一个基本例子。它是一种基于自然而发明的工具，通过思想的交流表明一种社会关系。这些想法首先是社区内的一种会计形式，一种关于谁拥有什么、谁欠什么的辅助管理程序。楔形文字是一种基本的文字形式，代表某个物品，比如可以代表山羊的一个单词。这也是计算的一种基本形式。在计算或记录谁拥有或欠多少山羊时，所涉及的数量将由某种公认的标记来表示。

文字的发明是人类技术进步的转折点，更加速了人类技术进步的转变。根据翁格（Walter Ong）的说法，文字是一串编码符号，"人类有意识地利用文字作为发声的线索"。在翁格看来，文字作为一种技术，不仅是一种外在的帮助，而且是一种"内在意识的转化"。对他来说，文字是一项"激烈的"发明："它开创了只有印刷术和计算机才能延续的东西，把动态的声音降低到静止的空间，把文字从只有口头语言才能存在的现实世界中剥离。"故事、教训、方法、警告、行为、技能和其他关键信息不再只是通过口头传播，而且口头传播在时间和空间上从说话者一次又一次地传递给听者，所以必然不够准确。我们很难用言语去描述人类及其社会的这种心理转变程度。当我们试着想象一条没有文字的替代道路时，我们会感觉没有文字对人类来说几乎是无法想象的。

当时的人们从"现实"中提取的文字及其所代表的思想固定在永恒的时间和空间里，比如石头、黏土或纸莎草纸等媒介上。当时，文字是人类生活事件的记录、痕迹和"证明"或确认。有了交易、责任或人类故事等事件的书面记录，在当时的事件中，人类社会便发展成了众人之间互相相关、互相联系的社会。人际关系如今也有了书面的记录。所记录的人类过去是一种结果性的记录，所以它是真实存在的，说它是结果性的，正是因为它被记录了下来。而人类的未来是一个约定和记录的承诺，从记录的时间开始，在未来的某个时间点做某事。人类从"无历史记载时期"进入了有记载的历史时期，因为要被记载，所以人类也成了历史的一部分。因此，文字给人类意识灌输了一种对时间流逝的感知，正如我们在后续的章节中会读到的那样，文字使得人类有能力提升自己的技术。技术的提升直接使时钟的发明成为可能，时钟作为另一种重要的模拟技术，对我们的物种和人类生活的世界产生了不可估量的影响。（图 4）

（a）　　　　　　　　　（b）

（c）

图 4　（a）苏美尔人写在莎草纸上的象形文字，最早可以追溯到公元前 3100 年左右；（b）楔形文字黏土碑，作者不详，约公元前 530 —前 522 年，巴比伦冈比西斯二世（Cambyses Ⅱ）的收藏，陈列于大英博物馆中；（c）公元前 310 年用希腊文写在莎草纸上的一封信

这些人类行为都给文字技术带来了巨大的负担，但这也是合理的。翁格在一篇题为《文字是一种重构思想的技术》（*Writing is a Technology That Restructures Thought*）的文章中重申了这一点。这位美国耶稣会学者略带戏剧性地指出，文字"占据了（人类）意识"。他还指出，文字被赋予了几乎超自然的力量，因为"文字倾向于通过将自己视为人类表达和思想的规范，来僭取人类的最高权力"。因此，从非常现实的层面看，人类变成了文字、读写和计算能力的产物。人类也会受到一种源于自身的技术的影响，又从人和人的模拟本质中抽离。这些技术将人类从拥有有限的口头和隐性知识以及认知能力有限的生物发展成一个超级物种，可以进入不断扩大的领域，拥有无限的抽象知识资源供我们创造和利用。通过改变我们自己，我们能够从一个无所不知的角度改变物质世界，这是其他物种无法做到的。

文字的作用是编纂知识，为人类、社会、城市、文明和文化的合理组织奠定基础。在西方，悠久的史前口述传统以及包含英雄、神、战争和诗人的史诗和传说注定要被一种新的交流方式所取代。通过希腊文字，希腊哲学成为西方古典艺术和科学的基础，这些创造性的和系统的学科是西方所有现代文明的支柱。

计算机

柏拉图在公元前 387 年建立了第一所公认的大学，尽管柏拉图怀疑文字的作用，还是把它作为该学院成立的基础。在书中，知识通过文字得到利用、集中和扩展。例如，辩证法、哲学和政治理论应该和数学一起讨论和教授。后者似乎在学院里有特殊的地位，因为据说在学院的入口处挂着一块牌子，上面写着："不懂几何的人不准进入。"几何学关注的是空间的性质，这对人类的故事很重要。柏拉图要求他的学者们利用几何学来探寻如何理解恒星和行星周期性的有序运动。几何也能"解答"不断变化的夜空的天文谜题，这些天文谜题也促使人类开始设计和制造第一台计算机。

因此，仅在学院成立 200 年左右的时间里，几何学和实用数学的进步就至少造就了一种令人眼花缭乱的结果。就模拟技术而言，这是一条从那个时代到我们自己时代的直线。大约在公元前 100 年，根据希腊天文学家和数学家的发现，所谓的安提基西拉机器被制造出来，这是一种手摇、多齿轮、轮式模拟计算机，也是世界上第一台机器计算机。

1901 年，安提凯希拉机械装置在一艘沉没的古罗马货船上被发现。这个装置是一块由青铜和木头制成的方块，外壳腐蚀严重，大概有鞋盒那么大。这个装置是用来计算和显示天体运动的，尤其是月亮周期和阴阳日历。过去，人们认为它曾经机械地显示了行星的运动。然而，这种高度先进的机制既是古希腊精英们欣赏的工程和天文技能的有趣结合，也代表了人类技术进化后的生存本能。2006年，一组研究该机制的专家在《自然》（Nature）杂志上撰文指出："日食和行星运动经常被解释为一种预兆，而天文周期的平静规律在一个不确定和暴力的世界中一定具有哲学上的吸引力。"通过科学和哲学给这个变幻莫测的世界划定了秩序，由此也强化了亚里士多德的观念，即人类与自然分离，人类的技术与自然相似。但不知何故，作为人类，我们并非如此。（图5）

随着希腊化时代的崩溃和罗马帝国的灭亡，安提凯希拉机械装置这一神话般的想法存续了1000多年后从这个世界上消失了。这台青铜制的小型计算机的发明，表明文字的出现使艺术和科学取得了迅速而非凡的进步。安提凯希拉机械装置在当时处于鼎盛时期，足以说明人类从物质和智力上不再只是满足于最简陋的生活。文字带来的思想革命也是全人类行为方式的革命。通过能够展现人类模拟本质的模拟技术，人类能够规定世界的秩序和规范，从而减少随机性，降低随机性对人类生命和文化的威胁。随着欧洲社会从中世纪开始崛起，人类重新发现了希腊和罗马的遗迹，安提凯希拉机械装置通过其复杂的齿轮和刻字的表盘指示行星和季节的

（a）

（b）

图5 （a）安提凯希拉机械装置的碎片；（b）设想的复制品

交替，开始逐渐成为一种新的计时方式，并逐渐渗透在人类生活的方方面面。最重要的是，亚里士多德在他的书中指出：时间是"一系列现在的时间节点"、一种可计算的数字、一种由安提凯希拉机械装置衍生出来的机器所指示的内容。随着机械钟革命的到来，……应运而生。

时间和时钟，就像之前的文字和阅读一样，引发了人类社会的又一次深刻变化。有了模拟时钟作为时间的物质表现，秩序、控制和理性就能够摆脱古典时代哲学精英的内在抽象精神，成为个人生活中的实体存在。因此，个人有必要学会"辨别"时间，以便根据时间协调自己的个人生活和经验。

> 通过能够展现人类模拟本质的模拟技术，人类能够规定世界的秩序和规范，从而减少随机性，降低随机性对人类生命和文化的威胁。

时钟

如果需要证据证明人类并没有脱离自然，而是通过技术模拟自然，那么我们只需要考虑存在于人类自己以及植物和其他动物体内的生物钟。我们体内的生物钟是一种分子水平上的生物程序，以 24 小时为周期运作，控制着人的睡眠、饮食和清醒模式的节奏。人的生物钟是人在适应环境从光到暗变化的进化过程中形成的一种昼夜节律。因此，从环境中获取线索是德谟克里特或亚里士多德思考人类与技术和自然世界的关系时发现的人类本能特征。关于昼夜节律的时间生物学研究强调，生物钟对人的身心健康极为重要。从基因上讲，我们的睡眠–觉醒节律要么是"百灵鸟"，要么是"猫头鹰"。例如，如果你长时间昼夜颠倒地上夜班，可能对你的健康造成非常不利的影响。世界卫生组织曾表示，长时间的夜班工作甚至可能会增加人们患癌症的风险。

人类早在掌握自己与行星运动之间关系的现代科学之前，就已然知道自己与头顶的天空之间有一种重要的共鸣。行星的运行有其重要的意义，比如阿兹特克和埃及文明崇拜太阳、月亮、恒星和其他存在于前现代世界许多文化中的神。重要的是，人类与宇宙存在着多种不同的关系，古人对天空及其变化模式的不同理解恰好也说明了这一点。不同地区的人对某些恒星或行星的短周期和长周期的观察，赋予了宇宙不同的地方意义。

天空的不完美模拟与扭曲的人性之材相匹配。然而，安提凯希拉机械装置是理性、文字和数学的产物。它的齿轮每次都有同样的转数，借此绘制了人类已知的宇宙，并以一种无误、恒久和精确的方式（通过一台机器）展现人类对宇宙的理解。希腊计算机的逻辑和原理最早开始利用时钟的机械装置指示 24 小时的时间周期。就像安提凯希拉机械装置的原理一样，时钟作为一种计时方式其目的是实行普遍的秩序和社会控制。数学可以拉直扭曲的人性之材，或者说，现代的时钟时间倡导者如此认为。

最早的机械钟可以追溯到 15 世纪早期的欧洲，当时教会当局用它来指示何时应该敲响祈祷钟。到了 17 世纪，特别是通过牛顿的科学创新，机械钟和它所指示的时间形式开始被用来理解关于时间是什么的基本科学真理。牛顿于 1687 年撰写的《自然哲学的数学原理》一书奠定了经典力学和行星运动定律的基础。牛顿认为宇宙就像一个巨大的发条装置，行星和恒星的运动本质上就是时间的运动。正如他所说："绝对的、真实的、数学的时间，就其本身和其性质而言，是一种与任何外部事物无关的稳定的流动。"根据希腊的传统，对牛顿来说，时间是人类与之分离的过程，是人类存在于其中的一种"容器"。

牛顿认为，作为一种机械装置，时钟需要通过"理性力学"获得更高的精度，才能与上帝创造的宇宙同步。因此，人类只有不断地提高时间机制的精确度，才能更接近上帝。从 18 世纪开始，守时在中上层阶级被视为可靠和开明的标志，钟表和怀表本身也被视为身份和财富的象征。钟表迅速普及，咖啡馆和小酒馆等公共场所开始有条件为想要"知道"时间的顾客指示时间。（图 6）

图 6　阿德里安·德·莱利（Adriaan de Lelie, 1755—1820）酒馆
内部的图片，墙上有一个显眼的挂钟

　　所谓的"时钟时间意识"与工业革命的兴起同时发生并
非巧合。时钟时间构成了工业化生活方式的时间基础，这个
口袋大小的机器协调和规定了工业化的生活方式。伴随着工
业化的节奏，新的工业阶级通过抽象的时间被卷入一种新的
组织形式。季节的节奏，各种古代习俗的节奏，以及社会历

史学家 E. P. 汤普森（E. P. Thompson）提出的"任务导向"的记录和体验时间的方式，都被以时钟为单位的"工作日"、按小时支付的报酬，以及将时间转化为可买卖、可保存、可浪费或可丢失的可交易的商品。本杰明·富兰克林有句名言："时间就是金钱。"任何在行业内工作的人，无论是买方还是卖方，都已经敏锐地意识到了时间的价值。时钟严格地把一天划分为秒、分钟和小时，它表明人类已经量化了自己的时间经验，消除了自己所有古老的、扭曲的、主观的质的多样性。随着工业化的到来，社会围绕机器设定的新的时间节奏，即工业化的时钟节奏迅速开始普及，并成为现代生活的一部分。事实上，这一时钟节奏普及得非常之快，正如哲学家阿伦·盖尔（Aran Gare）所说："抽象的时钟时间对生活的渗透和支配如此彻底，以至于（今天）我们认为这是一件理所当然的事。"

然而，这的确是一件非同寻常的事。正如翁格所说的那样，人类将文字视为"人类表达和思想的规范"，正如我们假设科学可以通过数字来表达宇宙的现实，以及希腊安提凯希拉机械装置的设计者所认为的那样，尽管人类文化中存在了数千年的时间体验的多样性，时钟和它所代表的时间形式只是代表时间本身。大约 1500 年前，希波的圣·奥古斯丁（St. Augustine）在他的《忏悔录》（Confessions）中写道："那么，时间是什么？如果没有人问我，我知道时间是什么。但如果我想向他人解释，我不知道时间的真正含义究竟是什么。"奥古斯丁认为，时间是以经验的形式"存在"于人类之中，而不是以抽象概念的形式"存在"于人类之外，而这种抽象概念则由行星的运动来衡量，用古代计算机和早期现代时钟的齿轮来表示。

文字、计算机和时钟是古代最重要的模拟技术。所有这些都代表了人类对自己与技术的关系和改变环境的能力的基本认知的转变。但这是一条通过文字，通过接受数字和计算机表达的世界的"现实"，在思想上越来越抽象的道路。这是一种殖民化的形式，一种普遍化的时间概念，取代或压制了世界各地文化数千年来与时间共存的多样性和主观关系。

在这些模拟技术的共同作用下，人类走上了一条秩序和理性的道路。机器开始阐述科学和技术的隐喻，而机器作为技术本身也走上了一条发展和复杂的道路。有朝一日，我们会看到能够读和写的机器，能够发明可以计算超出人类想象的数字的机器，以及通过计算和通信以令人难以置信的速度压缩时间和空间的机器。在技术发展合理化的道路上，文字和时钟代表了比尔·麦吉本在本书开头哀叹的逐渐"丧失"的阶段。当然，这些都是世界历史的发展进程，但由于文字和时钟的抽象特性，它们也代表了与技术进化的物种"脱

节"的形式。如今，在数字连接的虚拟世界中，我们更清楚
地看到了"真实"和人类本性的丧失。但人类依然会沿着这
条道路继续发展。人类如今所处的模拟机器技术的现代时期
是人类发展的必经之路，所以我们在下一章中也会谈论这个
问题。

> 如今，在数字连接的虚拟世界中，
> 我们更清楚地看到了"真实"和人
> 类本性的丧失。

5

第五章

机械模拟：
被机器征服

随着现代机器的发明，人类的模拟本质和人类赖以生存的技术关系开始发生变化。这种变化已经超出了深刻的程度，堪称惊天动地的变化，以至于人类即便拥有古老而多样的文化和知识形式，在没有预先考虑、计划或目的的情况下，走上了一条我们现在回想起来可以预见的狭窄道路，这条道路将以不可阻挡的技术和经济势头引领人类走向数字计算机时代，也让我们明白机器对人类当今的世界来说意味着什么。

本章将列举三个案例研究，即印刷机、提花织机和打字机，带领我们体验一段非凡的模拟之旅。在这段旅程中，人类在未对生存环境产生多少影响的状态下"勉强度过"了数千年，从共生（虽然不是特别高效）的发明者和工具使用者，最终变成效率极高，对地球影响重大的掠夺者。通过机器，我们与地球越来越脱节和疏远，但这也危及了人类生存的本质，破坏了人类赖以生存的生态平衡。

工具之所以成为机器，是因为它们总是以一种短期的方式来取代人类某个方面部分或全部的认知和身体能力。从某方面说，机器是工人的对手。但机器也被视为人类认知能力和身体能力的补充，被认为是进步的工具，使人类树立了可以掌控自己命运的自我观念。因此，技术史在很大程度上要么是对一种生活方式的毁灭，要么是对这种生活方式的正向推动。正是这种哲学和技术的紧张关系改变了人类所模拟的物质，以及人类与技术发展的关系。

人形机器

勒内·笛卡儿是近代早期欧洲最杰出的数学家和几何学家之一，也是当时推动新兴科学的代表人物。他对"人体"这个看似完全不同的主题发表了一些令人震惊的观点，比如"我认为人形机器（人体）的功能，如食物的消化、心脏和动脉的跳动……应尽可能模仿得像真人一样；但我们也应该意识到，人体机器的这些功能只是因为器官的存在而自然产生的，就如同时钟或其他自动机器的运行是靠机器本身的重量和轮子的存在一样"。

> 技术史在很大程度上要么是对一种生活方式的毁灭，要么是对这种生活方式的正向推动。

按照当代的说法，我们可以说人的身体就像一台正在工作的机器。人类是一个由相互连接的部件组成的生物力学群体，和时钟或其他复杂的机器有相似的功能。这也不难理解，他把心脏比作一种可以为身体加热的熔炉，并借助管道系统将血液输送到身体的各个位置。对于法国人笛卡儿，以及当时许多借由科学发现宇宙奥秘的作家来说，上帝创造了人的身体及其奇妙的复杂性。此外，人类与机器的相似之处在于，人也与更广阔的宇宙有着更大的相似性。笛卡儿认为宇宙是一系列巨大的旋涡，是上帝最早创造了这种机械舞般的旋转。你或许会觉得这种"机械哲学"听起来似曾相识，那是因为牛顿在牛津大学读书时吸收了笛卡儿书中的观点。

虽然牛顿说过这样一句话："如果说我看得比别人更远些，那是因为我站在巨人的肩膀上。"但这句话并不能说明他同意巨人的观点。在机械宇宙的本质及其与人类的联系上，牛顿与笛卡儿持有不同的观点，虽然他们都认为是上帝创造了机械宇宙，但牛顿认为他的启示是一个"天意"的标志，如果人类在自己的文化和社会中向"最完美的机械"杰作看齐，也就是说追求完美，就能像上帝一样创造出杰出的作品。另外，笛卡儿认为人类是机械宇宙的肉身模仿，或者，我更愿意认为人类是宇宙及其机器的模拟物，而不是像亚里士多德（所谓的巨人的肩膀）所说的人类与宇宙是分离的。然而，牛顿和笛卡儿的突出成就在于他们将早期的现代科学技术提升到一个更复杂的水平，因为他们认为人类、宇宙和技术紧密地交织在一起，有着共同的创造者和共同的逻辑。

17世纪中后期，广义的理智力已经在欧洲普及。除了牛顿和笛卡儿，还有弗朗西斯·培根，他们关于科学方法的革命性思想为即将到来的启蒙时代的技术因素提供了重要的推动力。当然也包括莱布尼茨，后续的章节也会谈到他。这些只是早期具有现代性的一些伟人。这些伟人不仅对当时问题的研究有很大的影响力，而且在定义这些问题方面也有很大的影响力。他们研究的议题帮助形成了西方对科学和技术问题的思考，他们流传于后世的作品不仅创造了人类生活的物质世界，而且确保了用科学和技术指引人类"进步"的道路。例如，莱布尼茨通过对微积分的实际应用，发展了二进制记数系统，奠定了现代计算的基础，二进制也成了现在计算机软件的核心。此外，二进制还有更广泛的影响，其中大部分都在实际和具体的层面上，影响着普通人的生活。在整个欧洲，纺织品制造、武器装备、冶金、农业和供水、建筑技术、各种工具和应用，以及社会工作组织，都发生了渐进式的小革命。从表面上看，在早期现代欧洲的各个国家，所有这一切似乎都是寻求解决方案的个人、行会和协会各自的努力，他们对当地进行思考和改革，从而应对区域性的条件和挑战，并将所有这些改变紧密地联系在了一起。

这种思想骚动究竟源自哪里？简单地说，是什么重塑了人类的思想以及人类对世界的看法？也许是无意中强调了模拟的概念，培根把他的时代称为"人的思想和事物的本质之间的幸福的结合"。当然，有一种调解的力量促成了这对"幸福的结合"。用一个现代化和数字化的术语来说，就是"媒体和沟通"。

古登堡宇宙

按照今天的标准衡量，所有这些变化的根本来源都是一个相对缓慢的燃烧器。但在适当的时候，谷登堡的机械打印机几乎改变了一切。据说印刷机使文字实现了技术化，尽管文字本身已经是一种技术，并且正如我们所知道的，文字的使用变得更为广泛。机械打印机曾是培根的梦想之一，它成了知识技术化的基础，产生一种新的人类思维，一种科学和技术驱动的思维。正如谷登堡所看到的，这将是一种"不断被机器控制的思维"。

1439 年，约翰内斯·谷登堡（Johannes Gutenberg）发明了活字印刷机，活字印刷机采用了一种模拟技术，它不仅使知识技术化，而且使知识工业化。它使各种机器的概念、认识和实施成为可能，这些机器最后都成了工业革命的基础。印刷机的产品，如图书、小册子、报纸和期刊，成为第一批大规模生产的商品，这些商品传播了创造和塑造现代性的思想，在现货市场（市场规模由受众的文化程度决定）大受欢迎。（图 7）

图 7　谷登堡发明的活字印刷机

印刷作为一种新的商品是一种感染力极强的推动技术，

它的出现使人们更多地使用印刷商品，激励人们学习阅读或提高现有的文字熟练程度。流通的印刷品越多，印刷品就越便宜；印刷在文化和社会中的利用程度越高，读写能力就越被视为一种有价值的、可交易的技术技能。活字印刷在其他方面也产生了革命性的影响。首先，它保障了复制的准确性，因为每次印刷出的东西都是完全一样的。这意味着媒介使得过去无法实现的大规模准确沟通成为可能。每个读者看到的都是机器复制出来的相同单词，相比之下，人类抄写员不仅抄写速度慢而且容易出错。当然，这样的准确性对科学思想和实践的传播大有裨益。在某个地方完成的实验记录可以在其他地方复制，公式可以精确地量化，也能正确显示计算的过程。抄写员不可避免地会出现抄写错误，记笔记的人基本也都会出错，以及口头交流复述中不可避免地出现不准确性，这些问题进入信息社会后大大地减少了。谷登堡机器在历史上第一次为科学和技术的思想协调奠定了基础，并且持续促进这种协调的深度和广度。其次，与后续论述的最后一点也有关联，活字印刷的生产力是惊人的。据估计，一个熟练的抄写员抄写一页纸的时间，用机器可以打印出 160 页，效率提高了 159%。从现实层面上看，这意味着从 15 世纪 50 年代《谷登堡圣经》（*Gutenberg Bible*）的第一次印刷到 19 世纪末，这些昂贵的出版物在欧洲各地生产和销售了大约 2 亿本。在科学、哲学和政治等领域，可以用更快的速率生产出更便宜的印刷品，并使其得到更广泛的传播。

正是由于技术的推动，一个以科学和数字的严谨性和精确性为基础的新世界才得以建立。模拟印刷媒介促进了西方文化中知识和哲学的觉醒。例如，康德回答了他自己提出的问题："什么是启蒙？"他在 18 世纪 80 年代革命的十年中写到，这是"摆脱自我强加的束缚"和"敢于知道"的勇气。康德认为，通过科学、技术和哲学的进步，智力和肉体能因此收获自由。所以，启蒙运动通过新的媒体和通信技术出现了自由的可能性，与过去几千年来的"束缚"截然不同。对康德和当时的许多哲学家来说，所谓的"印刷文化"给人们带来了理性，并使人类有机会充分发挥自身的潜能。

启蒙运动虽然已经结束，但我们今天依然激烈地讨论着它对人类的影响。毋庸置疑，谷登堡机器及其前身产品对人类的思维和行为产生了深远的影响。通过大量印刷文字和知识，识字的人能够生动地表达。此外，作为世界上的行动者，他们借由印刷品了解的知识来改变这个世界，通过自己的写作丰富现有的知识。换句话说，虽然印刷媒介在很大程度上传达了信息，但它并不是唯一的媒介。印刷品与人类之间的模拟共振或持续互动通过某种方式释放了人类的潜力。印刷文化在不同的文化中呈现出许多不同的形式。然而，各类形式的知识都在推动人类社会的发展，人类"进步"的意识日益增强。至少精英们意识到一个"现代"时代正在到来，这个时代吸取了古典希腊和文艺复兴时期的精华。人类现在不仅通过科学、技术和哲学"敢于知道"，而且还在改造世界的过程中推动时代的发展。因此，谷登堡机器是一种生成机器，为后来所有机器的发明奠定了基础。谷登堡机器大规模推动了知识的生产、流通和消费，人类得以用更复杂和以机器为导向的方式进行思考。正如麦克卢汉所说，通过印刷机，现代人类习得了谷登堡式的思维。

机器需要动力来源，如肌肉、风、蒸汽或电。但是，为了提升机器的运转速度，保障运行的良好状态，降低机器的价格，还需要一些其他的因素防止机器停止发展，并阻止社会停滞不前。马克思将现代性描述为一种"一切坚固的都烟消云散了"的环境——一种不断快速变化的强制性现代语境。为了理解其运作机制，我们需要了解另外一个重要的模拟技术及其在工业革命中的地位。

木制软件：提花织机

用现代的说法，软件是一组指令，能够在很少或没有人参与的情况下，使过程沿着预设的路径开始和继续，也被称为自动化。自动化会自动在人与机器之间留出一个空间，一个缺口。当人类因疲劳、能力、错误或独立决策的能力（即拒绝工作）而妨碍大规模生产的过程时，雇主就会寻找自动化的生产方式。机器编程的能力虽然以牺牲工人为代价，但赋予了机器更大的作用，因此构成了从模拟到数字化的重要一步。

至少在英语文化圈，工业革命占据了高中历史课本很大的篇幅。之所以如此，也有一定的道理，因为工业革命最早就是出现在英语文化圈中，并取得了较大的发展，并在两个多世纪里保持了最强大的活力。学生们通常接受的是这样的教育，工人阶级被迫过渡到工厂工作的恶劣条件中；英国的圈地运动使农民被迫离开土地，把土地还给羊群；美国和加勒比地区的棉花工业以奴隶为主要的劳动力来源，为这里的棉花工业也为纺织厂提供了原料；1811 年，威廉·布莱克（William Blake）将工厂本身"诗意"地描述为"黑暗的撒旦工厂"，1845 年，恩格斯在《英国工人阶级状况》一书中愤怒地发声，使工厂在社会学中声名狼藉；英国人向印度市场倾销廉价的机器产品，摧毁了印度的棉花工业；童工的恐怖故事；蒸汽机的发明大大提高了机制棉花的生产效率。

请注意，在关于工业革命的叙述中，有很多关于纺织厂、棉花、劳动力和机器的内容。这是因为棉花制造业是工业革命的起源和关键的推动力。现代工业化催生的经济学、政治学、地理学和社会学开始将棉花视为一种可以生产的商品。技术是它的最终驱动力。在古希腊，据我们所知，没有竞争来升级、改进或淘汰安提凯希拉机械装置。这是因为它的制造者的目标是通过概念创新和技术技能来展示人类在世界知识方面的进步。然而，竞争是资本主义的基础，资本主义的竞争只关心赚取利润的方式。从这个意义上说，资本主义既是工业革命发生的原因，也是工业革命的结果。对单个纺织制造商来说，成功地找到更便宜、更有效地生产棉花的技术方法，确保了自己的行业领先地位和巨额利润，直到另一个竞争对手设计出更快、投入成本更低的机器。例如，在1776年瓦特发明的蒸汽机改变了行业规则之前，水力磨坊一直是行业的标准。蒸汽机不仅实现了生产地点的可移动性，还使得机器生产的效率呈指数级增长。反过来，以电为动力的机器将很快取代蒸汽的主导地位。1804年开发的另一项技术提花织机也是如此，它改变了早期工业化时期的棉花制造业。

> 机器编程的能力虽然以牺牲工人为代价，但赋予机器更大的作用，因此构成了从模拟到数字化的重要一步。

手工织布的历史至少可以追溯到公元前 6000 年。手工编织的特点是通过一些辅助工具，比如梭子、棒子和木条等纯手工完成，而且要求织布机工人练就灵巧的手工能力。手工织布的速度主要受到工人的精力和技术的限制。当然，在人类逐步迈向现代文明之前，这都不是一个大问题。古代社区和近代农民社区中编织的布料供当地使用，或者在市场或贸易路线上进行交易。在资本主义社会早期，质量和设计是纺织品最重要的增值特征。手工编织的发展较为缓慢，但几千年来，各地的发展都十分缓慢。

人类快速跳转至工业时代。约瑟夫·玛丽·雅卡尔（Joseph Marie Jacquard）是 18 世纪一位富有的织布工和发明家。但在那个时代，他是一位追求利润的商人，但同时也是一个不可避免地要面对竞争，一直要寻找竞争优势的人。他通过自己的同名织布机使自己占据了竞争优势。雅卡尔的机器从一个重要方面来说是一台革命性的机器，这使它成为一种重要的模拟技术，因为这台机器具有编程功能。（图 8）

图 8　提花织机

　　雅卡尔明确地借鉴了莱布尼茨于 1703 年面世的关于二进制系统的书，将其逻辑应用于织布机，生产出当时最重要的制造机器。二进制代码是一系列的步骤，在这些步骤中，决策可以通过"是或不是 / 开或关 / 继续或停止"的指令系统制定自身的生产过程。雅卡尔将代码通过一套打孔卡系统安装到机器中，这些打孔卡系统代表了织出预期图案的各个步骤，织布机有效地储存了知识，借由所设定的打孔卡程序，可以根据设计师或编码员的能力，织出简单（或复杂）且具有美学价值的图案。

但这项发明的意义远不止由木制软件巧妙编织出令人喜欢的图案。首先，雅卡尔的织布机将模拟技术的核心原型与现代机器的逻辑相结合，继而延伸至现代化和工业化的意义。打孔卡系统与文字技术有着直接的联系，因为它是从人脑中抽象出来的信息、知识，作为一种固定的、无限可复制的延伸部分，储存在时间和空间中。在发展二进制语言的过程中，莱布尼茨很清楚他想在这方面做些什么。他意图创造一种通用语言，即一种科学家、哲学家和数学家都能在讨论中共同使用的形式语言。并且，正如莱布尼茨所解释的那样，"任何的错误，除了事实之外，都只是计算中的错误"。因此，莱布尼茨的目标是为全世界创造一种完美的、精确到数学程度的语言，这种语言不会有误解，不会有逻辑或推理上的错误，也将推动科学和技术的发展，造福所有人、国家和文化。正如我们将在后面的章节中读到的那样，这样一个辉煌的愿景，正是推动 20 世纪 60 年代美国及其他地区的网络先驱们持续建设互联网的同一愿景（并且来自同一技术冲动）。

其次，可编程的织布机也取得了一些空前的进步：能够多次制作出完全相同的图案。从字面上看，织布机运行的核心是依靠一个不会对二进制指令做出任何偏差的程序，因而织机也不会犯错误。一致性是提花织机织布的主要附加值。同样重要的是，从工厂老板的角度来看，引进织机是为了消除工人的疲劳，减少生产过程中的错误和浪费。在19世纪初，提花织机开始出现在英国，就像蒸汽动力开始成为各个行业的动力来源一样。历史学家 E. P. 汤普森写了"提花原理"，该原理与蒸汽结合，使工人们在"与蒸汽动力的对决中惨败"。卢德运动（Luddite Movement）正是这种对决的表达形式之一。一群工人在一位名叫卢德（NedLudd）的神秘人物的领导下，开始捣毁在手工织工看来会使他们失去工作的提花织机。从工业革命以及更广泛的资本主义的进步意义的层面看，1812 年《限制破坏法》（*The Frame Breaking Act*）的通过恰恰证明了提花织机对棉纺厂的重要性，因为政府在该法案中把对捣毁织布机的惩罚从刑事流放至殖民地升级到死罪。

最后，蒸汽动力和提花织机原理的结合通过一种基本的方式实现另一种更古老的原理或者说空想：自动化。未来，人类社会全面进入自动化的现实表明，人类与机器技术将彻底"脱节"，以及自动化能力对社会和自然世界主观能动性的认知和身体能力的削弱。许多古老的文化都设想着自动机

的出现，设想机械生物可以像人一样移动和行动。但现实是
人类缺乏足够的技术手段，所以这些都只能是梦想和雄心，
过去人们认为这些永远无法成为现实。然而，凭借科学和工
业革命的优势，哲学家和发明家们再次回顾了希腊人在这方
面的灵感。例如，他们回顾了亚里士多德的观点，他在《政
治学》（Politics）一书中推测，如果机器"可以完成自己的
工作，梭子也可以编织"，那么人类就可以摆脱体力劳动的
恶劣要求。他还推测说："如果每一种工具，在被需要时，甚
至能自动地完成它应该承担的工作，……如果织工的梭子可
以自动完成织布，那么师傅就不需要学徒了，庄园主也就不
需要奴隶了。"换句话说，这将是一个非常不同的世界，这
是一个完全颠覆的世界。

但梦想只是梦想，希腊人从来没有停止使用奴隶。但
18 世纪晚期开明的现代人已经取得了某种程度的进步。在一
股席卷欧洲的风潮中，精巧的微型和真人大小的发条自动机
问世：这种像人一样的玩偶可以不出任何错误地"演奏"乐
器，比如大卫·伦琴（David Roentgen）在 1784 年制作出了
轰动一时的能够模仿玛丽皇后演奏扬琴的"玛丽·安托瓦内
特（Marie Antoinette）"。这样的玩具吸引了大众的目光，当
真正的玛丽·安托瓦内特看到伦琴制作出的玩具时，也会着
迷。几十年前，雅卡尔·德·沃康松（Jacques de Vaucanson）

制作了"长笛手"，这是一个真人大小的自动装置，并配有精密的风箱系统让长笛可以"呼吸"。这一发明让法国科学院大为震惊，授予了他一枚奖章。事实上，沃康松率先在织布机上使用了打孔卡系统，给雅卡尔留下了深刻的印象，于是雅卡尔很快将它用在了自己的织布机上。

自动机的发明是一种进步，它表明人类在如此短的时间内取得了多大的进步。然而，就我们的目的而言，人类把自己复制成自动装置的欲望，一种跨越文明和文化的欲望，说到底就是一种模拟欲望。自动装置是人类身体的延伸，因为人的身体（除思想外）被完全复制，人的躯体存在于空间和时间中，但自动装置既是对人身体的模仿，又是对人的模拟，就像飞机既是对鸟的模仿又是对鸟的模拟一样。因此，自动机表达了人类内心深处的某种东西，也许正是这种东西激发了笛卡儿的思想，他认为身体类似于机器，因此，最完美的技术可能是对人类自己的终极模拟，是一个会思考、会移动的机器人。

在我们这个时代，机器自动化让机器全部或部分地完成工作，但它也全部或部分地磨灭了人类在与技术的古老共鸣互动中能动的部分，而自人类诞生之初这种互动就是人类关系的特征。工业革命变相地导致了这种劳动过程的退化。对马克思来说，机器是资本主义的驱动力。他认为，机器越精密、功能越强大、生产效率越高，工人就越容易失业并丧失技能。随着自动化生产的每一次新进步，熟练工人会发现自己变成了半熟练工人，而半熟练工人反过来又变成了没有技能的工人或失去工作。

马克思在 1857—1858 年书写的《大纲》❶（*Grundrisse*）中谴责了工厂机器对雇用工人的影响："工人不再在工作对象和自己之间植入一个经过改造的自然物作为中间环节；相反，只是将植入自然过程、转化为工业过程作为自己和改造自然之间的手段……工人不再是生产过程的主要参与者，而是跳脱于生产过程之外。发生转变的既不是工人进行的直接人力劳动，也不是他工作的时间。"

简单来说，马克思是第一个发现这种典型的现代疾病的人，这种疾病将对从社会学和精神病学到经济学和政治学的思想体系都产生深远的影响：异化。在人类与工具和生产的长期联系中，即使是 19 世纪的初级自动化形式，异化也一直存在。与文字和印刷术一样，它削弱了人类、技术和自然之间的联系，因此也削弱了三者间最原始的共鸣。在资本主义制度下，工人跳脱出了生产过程，正式脱离了人的概念，脱

---

❶ 即《政治经济学批判大纲（草稿）》，又名《政治经济学批判（1857—1858 年）手稿》——编者注

离了人类作为创造者的概念，脱离了人类作为与技术和自然互动中的参与者概念。

今天，面对一系列社会问题时，我们经常谈到异化。然而，我们可以把它们看作是人类与工具的关系以及人类的模拟本性中更深层次的表征。自动化并不能完全摆脱生产对工人的需要，制造机器人仍然需要人类。工人仍然需要关注和服务自动化流程。自动化创造了新的一般服务工作，但这些工作在各自行业最新的自动化"解决方案"出现之前还未能实现。提花织机所做的是开启了这个过程，证明了机器可以实现古人的梦想。我们仍然对自动化抱有同样的渴望，即自由地做其他事情的梦想，以及进入工业革命和数字革命之初所期待的休闲社会的梦想。从我们被告知如果我们允许机器为我们做更多的工作，就能从于社会红利中获益的梦想中实现。

但事情并未按人类的预期发展。如今，工业化社会受到双重异化的困扰：数百万人失业和未充分就业，还有数百万人处于过度劳累的阶层，他们几乎没有时间做任何除工作以外的事情，工作与休闲、家庭和工作场所之间的界限变得异常模糊。因此，具有讽刺意味的是，在追求模仿我们的模拟自我从而使工作变得更容易的过程中，即便没有被裁员，自动化的过程也已经从本质上改变了人类与技术的关系。在我们自己的时代，已经成为一种奇怪的关系，一种以与（为人类）创造世界的机器保持距离为特征的关系，与机器疏离的关系。哲学家拉赫尔·贾基（Rahel Jaeggi）将这种关系称为"无关关系"，这个术语体现了自动化在精神上的空虚。

生产力是自动化逻辑的内核和基本核心。如果没有提升生产速度从而降低生产成本的需要，就不会有我们今天所知道的机器，不会有帮助我们更快打字的个人电脑，也不会有推动信息革命的互联网。毕竟，信息革命只不过是硅芯片对数据处理速度越来越快的表现。手写从来没被对速度的需求所困扰。在科学、识字和资本主义成为社会变革的驱动力后，情况就发生了改变。19世纪哲学家尼采发现自己视力衰退的案例便能很好地阐明这一点。

尼采的打字机

有很多关于尼采的描述（或者说指责），但其中一些观点非常矛盾。例如，纳粹思想家批判性地从尼采的哲学思想中吸收了一些适用于自己的思想，比如极端个人主义，他所谓的反犹太主义，他对超人的寓言，等等。在法国，20世纪之交发生了臭名昭著的德雷福斯事件（Dreyfus affair），法国的反犹主义者将犹太人德雷福斯的支持者诋毁为"尼采主义者"。在一些人看来，尼采是一个熟练的专家，能够彻底消除公认的科学观念及其所谓的对知识的腐蚀作用，而更多的人则认为他是一个危险的虚无主义者。然而，他的名声在被纳粹收归麾下后得以保留并恢复。如今，他的作品在他的读者中和学术界内外都产生了非常广泛的影响。诸如黑豹运动中的休伊·P. 牛顿（Huey P. Newton）和美国总统尼克松（Richard Nixon）等各类人物都读过尼采的书并评论过他，他们读完了尼采的《超越善与恶》（Beyond Good and Evil）一书后，都有不小的收获（毫无疑问他们的收获并不相同）。在当今时代，尼采社团、研讨会、博客、视频和图书比比皆是。

然而，在所有这些喧嚣的意见和对尼采本人及其思想的研究中，几乎没有人评论或试图解释尼采的另一个方面：他的生产力，以及由于他采用了一种新的文字技术，在他的职业生涯中生产力发生了何种变化。试想：尼采在 1870 年到 1881 年写了 4 本书，或者说几乎每三年写一本，非常高产。他还试图在 1881 年到 1888 年向出版商提交 10 份手稿，却因罹患重病，再也无法写作。在那之前他平均一年能写 1.5 本书，也很高产了。到 1881 年时，尼采几乎失明了，这使得他几乎无法亲手写作，但他是如何设法提高写作效率的呢？他买了一台打字机，但考虑到他对现代性和科学的看法，他这样的做法似乎与他的性格不符。准确地说，他买了一个顶级的便携式马林·汉森书写球，是一位来自哥本哈根的发明者专门送给他的。

从表面上看，这没什么了不起的。一个熟练的打字员打印一页文本的速度要比那些试图用手写同样单词的人快得多。尼采越来越习惯现代技术，这无疑是他提高写作效率的因素之一。但这不仅仅关乎效率。谷登堡印刷机的效率在于它能够一页又一页地打印相同的文字，远超人类在发明它之前所能达到的速度。提花织机被编入程序后，可以取代织布过程中的一部分人力。这些例子表明，人类如何通过与技术互动在生产方面取得重大的突破。尼采的写作效率得到了提升。但尼采不是一个产业，而是一位思想家。打字改变了尼采的看法，影响了他对世界的思考和表达。回想一下翁格关于文字技术的说法，3000年前，文字技术是如何利用文字本身所代表的思想掌控并改变了人类意识的。书面文字根植到了识字的人的意识中，从而形成一种思想语法，这种语法反映了他们阅读和写作时的世界。

相比于尼采以前的思考和写作方式，这种接近工业规模的生产力和效率究竟是福是祸？失明迫使他无法继续用钢笔和墨水手写书稿，开始使用便携式马林·汉森书写球上固定的字母排列撰写书稿。这不可避免地导致机械书写球的语法压倒了学校教授的手写写作的语法及其产生的思想。打字机断断续续敲击出的文字与笔尖反复斟酌后流露出的文字形成了鲜明的对比。打字机提供了二选一的决定，按不按键。然而，钢笔通过笔尖的表面张力以及其储存液体墨水的小容器进行书写，则是一种更为隐性的、非机械的技术。前者是早期用数字形式表达思想的一种形式，后者则是一种天生的模拟形式。一个是读写理论家玛丽安娜·沃夫（Maryanne Wolf）所说的"数字大脑"形成的开端，另一个是在印刷文化和浪漫主义与科学、启蒙运动和机器的矛盾心理中形成的大脑。（图9）

一旦尼采掌握了盲打技能，他的思想便能跃然纸上，出现在打字稿的页面上，使他能够在一年之内定期写出新的书稿。俗话说"拿着锤子的人，看什么都像钉子"，尼采利用打字机敲出的文字，实际上是一种新形式的技术决定论的体现。打字机有它的能力和局限性，有它的机会，也有它的缺陷，但它能够重构尼采的意识，从而重组了他的哲学和创造性表达。尼采在1872年写《悲剧的诞生》（The Birth of Tragedy）一书时，他的视力还算不错，书中的文字和思想都是他手写的，而一旦他的视力衰退，就必须使用马林·汉森书写球。一种全新的文字技术帮助决定了另一种思维方式，并通过文字来表达这些想法。尽管人们几千年来一直都是用笔固有的能动性和控制力来塑造和表达思想，但当人们开始用一组位置固定的机械键敲出文字时，笔的作用就被改变了。这种差异又能说明什么？

图 9　1870 年的马林·汉森书写球

德国技术哲学家弗里德里希·基特勒（Friedrich Kittler）表示，模拟打字机通常对某些思维形式有用：简短、简洁、以简洁和敏捷为特点的思维形式。基特勒以尼采为例，认为"尼采购买打字机的原因与他那些以娱乐为写作目的的同行非常不同，比如马克·吐温、林道（Lindau）、阿米托尔

（Amytor）、哈特（Hart）、南森（Nansen）等"。同行的意图都是提高书写的速度，实现文本的大量产出。相比之下，几乎要失明的尼采，则从文学转向哲学，从重读转向纯粹的、盲目的、非传播性质的写作行为。

在20世纪中期被称为"文化工业"的蓬勃发展正是仰仗于这种现代技术，因为它大大提高了文学、电影和电视等商业化文化的生产力。但它给哲学和哲学思想提出了一个存在性问题。尼采的作品中出现的无意识的转变非常明显，事实上，这种转变甚至在当时就被读者们注意到了。1882年，《柏林日报》（Berlin Tageblatt）在尼采开始"完全失明"时就曾指出："在打字机的帮助下，他恢复了写作活动。"然而，这篇文章也指出："众所周知，他的新作品《快乐的科学》与他最初的重要作品形成了鲜明对比。"对基特勒来说，这种对比确实很明显。他发现尼采作品的风格和他写作时的思想过程，由于打字机的调解，被明显地重新塑造了。正如基特勒所看到的，持续的思考、长句子和复杂的推理是尼采被世人熟知的写作风格，但这种风格已经"从论证变成格言，从思想变成双关语，从修辞变成电报风格"。尼采是这项技术最早的使用者。他把打字机带到了令人兴奋的欧陆哲学领域，至于他对此的巨大影响，则是他开始通过一种创造性的思维取代了笔对于人的思想的重塑作用。

但尼采可能并不认可这种评价，他似乎意识到，虽然他的眼睛几乎无法看清这个世界，但他的思维过程发生了一些重要的变化。正如基特勒再次告诉我们的那样，在尼采用打字机写的为数不多的一封信中，尼采在马歇尔·麦克卢汉之前就曾预言："人类的写作工具也在影响我们的思想。"诚然，他意识到自己的写作效率得到了提高，但至于内容的质量和实质，作为创作者，他或许不适合评判。就基特勒而言，他很清楚这种技术在哲学思想的一般层面上发生了什么。随着"自动书写"技术的逐渐普及，哲学，或者通过调解可以思考和表达的元素，发生了根本性的变化，随之而来的是打字机在 20 世纪大部分时间里所衍生出的新的文化。基特勒认为 1886 年的《道德系谱学》（*Genealogy of Morals*）是尼采写作生涯的一个转折点。这本书在道德观念方面也产生了巨大的影响，基特勒将其视为人类思想进化变化的征兆，这种变化不仅体现在尼采身上，也体现在西方哲学的演变中。换句话说，系谱学预示着计算机中机器记忆的技术进步，当尼采通过一组固定的字母键敲出他的哲学思想时，这种进步正处于萌芽状态。基特勒写道：《道德系谱学》的第二章指出，知识、言语和高尚的行为不再是人类与生俱来的属性。就像即将给动物重新命名一样，人也来源于遗忘和随机的噪声，这是所有媒介的背景。这也表明，在 1886 年，在机械化存储技术形成的年代，人类的进化也旨在创造一种机器记忆。"

基特勒提到的机器内存是指 1835 年查尔斯·巴贝奇（Charles Babbage）发明的分析机，这是第一台配有集成内存的计算机。巴贝奇在设计这台机器时，最直接的灵感来源就是三十多年前发明的提花织机。此外，他设计计算机不仅是为了通过创造机器来消除计算中的人为错误，同时也是为了基于"提花原理"实现尽可能多的工业自动化和计算机化。莱布尼茨最早编写"通用语言"的书面代码是为了设计人类共享和发展艺术、科学和哲学知识的共同语言，最终被改编为一种机器过程，其逻辑和方向实际是为了满足狭隘的工业需求：最初是纺织品的制造，然后是各种商品的制造，最后是越来越多的机器能够自己制造机器。

从查尔斯·巴贝奇到阿兰·图灵（Alan Turing）都在探索计算领域从模拟到数字的转变，巴贝奇试图通过机器记忆实现思想的工业化，图灵在 20 世纪 30 年代在他的论文《计算机器与智能》（*Computing Machinery and Intelligence*）中勾勒出了当今计算机逻辑的形式基础。这些转变也会偏离人类的模拟本质以及人类与自然技术的共鸣。在 1886 年，虽然打字机改变了尼采，但在很长一段时间里并未对人类产生较大的影响。从那时起直到最近，玛丽安娜·沃夫（Maryanne

Wolf）提出的所谓的"文字大脑"，即在谷登堡印刷机的影响下形成的"机械"大脑，不仅有助于实现思想的"工业化"，而且有助于人类建立经济、文化和社会的"工业化"。这种机械的思维模式将成为现代模拟世界各种模拟形式的基础，尤其是 20 世纪之交时成功或失败的探索。

最后的话

印刷术是对更古老的语言文字的最终延伸。如今，文字可以无限地复制，全民扫盲也终于成为可能。纸上的文字变成了个人的便携财产，也塑造了人的世界观。印刷术是所有现代技术的核心，它使得视觉偏见占据了主导地位，正是这种视觉偏见决定了文字出现以前的时代中部落和氏族社会的命运。线性的、统一的、可重复的新媒介以空前的速度无限量地复制信息，从而保证了眼睛相对于耳朵、鼻子和舌头的优势地位。作为人类能力的"急剧"扩展，文字塑造改变了人类整体的精神和物质环境，并直接导致了诸如民族主义，宗教改革，流水线，工业革命，因果关系概念，笛卡儿，牛顿和爱因斯坦关于宇宙的概念，艺术视角，文学叙事年表以及弗洛伊德学说作为内省或自我导向的心理模式等不同现象的出现。这极大地加强了个人主义和专业化的趋势，这种趋势始于我们开始使用楔形文字来表示山羊、谷物、土地或奴隶的所有权。因此思想和行动之间的分裂随着印刷术而制度化。在一个不断增长的大众社会中，被不同的文字分裂的人类被进一步分割成越来越小的群体。从那时起，麦克卢汉的笔下西部"人"才真正地变为谷登堡"人"。

作为人类能力的"剧烈"扩展，文字塑造并改变了人类整体的环境。

6

第六章

电子模拟

电："电之吻的力量"

1879 年 2 月 的《 通 俗 科 学 月 刊 》（*Popular Science Monthly*）上，詹姆斯·D. 里德（James D. Reid）为《美国电报》（*the Telegraph In America*）撰写的书评中引用了塞缪尔·莫尔斯（Samuel Morse）的话："既然每一节电路都能通电，我不能理解为什么智慧不能通过电实现即时传输。"这句话体现了莫尔斯敏锐的洞察力，他在 19 世纪初就已经凭借自己发明的电报实现了这一壮举。文字将知识库从人脑扩展到印刷的纸张上，因而这项技术堪称是一项改变人类和世界的成就。而电的出现再次扩大了文字的传播范围，突破了知识或"智慧"所在的时空坐标，使知识和智慧能够"瞬间"传播至世界各地。电作为一种化学价，使模拟技术及其对人类和世界的影响提升到更高的能力水平。为了更多地了解这一过程，首先要了解电本身的历史和社会影响。如果不是在暴风雨中电灯突然熄灭，我们几乎不会考虑这一问题。

对那些早期的发现者和发明家来说，电总是一种特殊而神秘的东西，他们思考并实验了这种奇怪的自然现象。之所以说它奇怪，是因为它不像自然界中的其他东西，电是一种看不见的力量。它就像风一样，人类不清楚它的起源是哪里，但它投射出了一种非常不同的力量。风可以是柔和的，也可以是坚硬的，而电则表现为突然的震动，是一种不明来源的能量冲击。

在西方文化中，那些善于思考和探索的希腊人是第一个思考这种看不见现象的难题的人。他们发现鱼雷鱼或电鳐鱼有这种非凡的力量。鱼雷（与单词"torpor"形似）来自拉丁语"torpere"，有"麻木"之意。在对话录《美诺篇》（Meno）中，柏拉图极具侮辱性地将苏格拉底比作鱼雷鱼，因为他的举止和言语"会让接近他的人都受到惩罚"。许多不幸的人发现，如果你碰到鱼雷鱼，会立刻受到它的影响。普鲁塔克（Plutarch）虽然没有完全弄清楚电的本质，但他认识到电的不可见性实际上是一种传导过程。他发现鱼雷鱼的震波可以在水中传播，并能通过鱼竿或三叉戟传播一段距离。然而，除此之外，在整个古典时代，哲学家和医生都没有真正理解电究竟是什么。

这个问题就像包括理性、民主、科学和机械在内的其他古典问题一样，在中世纪一直悬而未决，直到文艺复兴时期才被理解清楚。后来，在 17 世纪，许多发明家和自然哲学家开始更仔细地研究这种奇怪的力量。威廉·吉尔伯特（William Gilbert）发现了磁吸引和静电，并通过新的印刷网络在欧洲广为流传。吉尔伯特还发明了第一种电测量装置——验电器，这是一种对电荷有反应的旋转针。此外，吉尔伯特还创造了"electricus"这个词来指代这种力量，这个词的意思是"像琥珀一样"（希腊语中用"elektron"表示琥珀；用一块布摩擦琥珀会产生静电）。我们熟悉的"electricity"这个词是由托马斯·布朗（Thomas Browne）在 1646 年提出的，顺便说一句，他是一个系列词汇大师，塞缪尔·约翰逊非常尊敬他，因为他在《牛津英语词典》中"扩充了我们的哲学用语"，惊人地收录了 775 个新词，其中包括"密码学"和"计算机"这两个与本书关联紧密的术语。

　　伴随着表达新思想的新词汇在新的知识网络中传播，人们重新燃起了对电的兴趣。在 18 世纪到 19 世纪无数的发明家和工匠中，富兰克林或许是其中最著名的一员，他们将启蒙运动的"求知"冲动送上了能量物理学的轨道，为模拟机器提供了新的动力来源，从而加速了工业革命的进程。富兰克林取得了一些重要的发现。以前，人们认为电是由反作用力组成，但富兰克林推断这是一种"电火"（后来被称为电子），它像一种看不见的液体一样循环。1747 年，他在给朋友彼得·科林森（Peter Collinson）的信中解释道："让两个人同时拉住一根铁丝，其中一边装上电瓶，让另一边人抓住铁丝，此时会产生小小的火花；但当他们用嘴唇靠近铁丝，就会被击打和触电。"通过这些电瓶，他继续冷静客观地指出："我们极大地增强了电吻的力量。"

富兰克林发明了电动机的前身"电动轮"，他借助电动轮进一步展示了如何产生这一炽热的流体。在这个实验中，他展示了带正电荷和负电荷的莱顿瓶在末端有黄铜顶针的玻璃压条下是如何使轮子转动的。（图10）

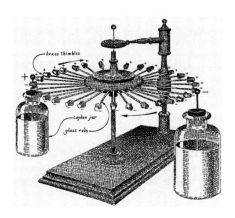

图10　富兰克林发明的装有莱顿瓶的电动机（1747年）

电流并不强，耗费了很长时间才艰难地使轮子转动。但富兰克林证明了一个概念：人类有可能发明电动引擎，它可以移动轮子，这也意味着电动引擎可以成为机器的引擎。曾是实用发明家的富兰克林后来"又给这台机器装上了电瓶"，他声称这台机器可以把火鸡加热成烤肉串。

后来，稳定的电动机被称为电气工程的圣杯。在19世纪的大部分时间里，美国和欧洲都在朝着这个目标稳步前进。蒸汽动力是至高无上的，许多人都认为这种更灵活、更复杂、可塑化更强的动力能够助推工业生产的发展。对一群发明家和哲学家来说，他们十分渴望追求更高效、更强大的机器动力，毕竟他们通常也是商人或工业企业的股东。新的商人阶层都熟知富兰克林的那句名言"时间就是金钱"。速度更快的机器节省了时间，因此也节省了金钱。在企业竞争日益激烈的背景下，电动机的主要吸引力，就像机器本身一样，可以替代工人的劳动。工厂老板也意识到电动机器可以取代更多的工人。因此他们认为，只有摆脱人的疲劳和失误等因素，才能提高利润。

随着艺术家和哲学家们也在争论着类似的"人类–技术–电"的问题，电也出现在文化和文学的行业中。例如，玛丽·雪莱（Mary Shelley）在1818年撰写的《科学怪人》[1]（Frankenstein）一书中，通过探讨当时正在进行的唯物主义和生机论之间的著名辩论，对工业科学发出了警告。唯物主义

---

❶　即《弗兰肯斯坦》。——编者注

根植于物质和自然世界里的宗教和传统，这种物质世界是由上帝给予和人类创造的。生机论，就其本身而言，认为人类应该完全信仰科学，并提倡生命是一种看不见的能量，而电是自然对这种能量的表达。在雪莱的小说中，维克多·弗兰肯斯坦（Victor Frankenstein）认为，怪物通过一次充满活力的电击获得了生命力。我们知道，这个故事的结局对怪物和弗兰肯斯坦来说都很糟糕。然而，雪莱想要传递的道德和伦理教训是，对革命科学的不妥协信仰正在危及西方社会的基础。

在现实世界中，商业就是商业，尽管商业也涉及了道德层面，但19世纪20年代到50年代见证了电气工程方面的一系列突破。值得注意的是，法拉第在1831年发现了电磁感应，揭示了电流的产生过程；这促进了电机、变压器和发电机的发展，这些都是如今电气工程的基础。1840年，罗伯特·戴维森（Robert Davidson）展示了电力的灵活性，他发明了各种各样的产品原型，比如可以载两个人的火车头、电动车床、电动印刷机以及可以举起两吨重物的电磁铁。1845年，保罗·古斯塔夫·福门特（Paul Gustave Foment）发明了"超小型静电起电机"，这是一种小型马达，后来成为发明电报的基础。

有了这些发展，围绕着对电的理解的科学发展更加迅猛。人们也逐渐接纳了富兰克林提出的"电吻"的观点。通过工业应用，人类能够更多地控制和部署自然的无形力量，这甚至能与蒸汽的伟大发现相媲美。蒸汽的发现促进了大大小小的模拟机器的运动。两者都将在通过科学事业制造机器的时代占据自己的一席之地，但只有电才会有无限的生命。电拥有赋予机器（而不是雪莱笔下的人类）生命的生命力，能够把模拟技术的复杂性和潜力提升到一个新的水平。此外，电力作为各种技术的催化剂，在资本主义的庇护下，将进入人类经验的各个领域，并随之带来一种充满活力的现代性。

回想起来，有一种关键的模拟通信技术使这一切成为可能，与此同时也是最简单的技术之一：电报。

电报："现在的一切都是偏激的"

电报（telegraph）的意思是"远距离的文字"。在这一点上，它遵循了始于楔形文字发明的模拟人类联系的道路。就像楔形文字一样，它改变了现有的人类事务，使这些事物遵循一条新的道路，也带来了意想不到的后果。电报从物理意义上来说是一种模拟技术，因为它具有连续性或传播的关系。远距离的文字通过一个连续的信号完成文字的传递，这个信号通过一条专用的电线从一个地点传送到另一个地点。工作电报的发明最早是为了把电波转换成一种通信方式，即一种可以传送、接收和理解的信息。1816 年，弗朗西斯·罗纳兹（Francis Ronalds）所做的实验迈出了重要的一步。他在伦敦后花园的两个大木架之间，拉起一根长达 13 千米的连续电线来回发送信息。信号借由一种精巧的字母数字装置，通过导线两端旋转的字母数字表盘被编码并翻译成语言。（图 11）

电拥有赋予机器生命的生命力，能够把模拟技术的复杂性和潜力提升到一个新的水平。

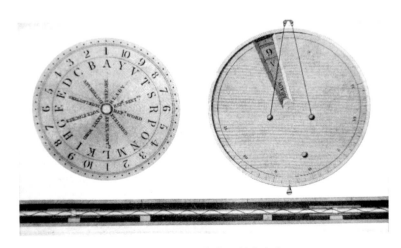

图 11　罗纳兹的字母数字表盘

罗纳兹发明的装置有点超前于他所处的时代。他有一个愿景，使人们免于"笔、墨水、纸和邮寄这类事物的麻烦"，通过他所说的"电子对话办公室"网络，建立一个快速通信的时代，实现全国各地的快速通信。但赞助他进行此项研究的政府或许并不这么认为。也许当时的利物浦勋爵（Lord Liverpool）过度专注于借助卢德分子捣毁提花式织机，又要收拾拿破仑战争后的混乱局面，还要应对国王乔治三世日益古怪的行为。不管出于什么原因，英国政府认为"任何形式的电报现在都是完全不必要的"，并拒绝继续为他的研究提供资金。

虽然罗纳兹没有实现自己的梦想，但他成功证实了远距离文字这个概念。这个概念由于脱离了复杂而漫长的信号系统，起初听起来是一个根本不可能的想法。但如今，即便跨过了广阔的陆地和海洋，也能实现实时通信了。

在大西洋彼岸，发明家莫尔斯的境遇或许要好很多。到19世纪30年代，美国已成为一个不断发展的工业大国，自由的商业文化首次和科学文化结合，挑战着旧欧洲列强的霸权地位。不断发展的美国民族精神，加上迅速扩张的大陆铁路网，促使美国开始采用实验性的通信系统，这也有助于将新兴州联合起来。1844年，莫尔斯发明的电报系统和创造电报语言的电报码获得了专利。它用"点"和"长划"来

表示字母，被证明是一种极具灵感的组合，可以传递远距离的文字。美国国会关注到了这一点，并决定资助他的研究。（图 12）

然而，莫尔斯并不像罗纳兹那样具有实际的眼光和商业热情。他像启蒙运动后期的许多人一样，既是一位发明家和科学家，也是一位艺术家和思想家。但实际上，当时莫尔斯更出名的身份是画家。尽管美国充满了新世界的活力，但还未将日后领导世界的专业精神和商业意识完全渗透到受过教育的阶层中。尽管如此，这位肖像画家还是在 1844 年 5 月 24 日测试了他的电报系统，通过一条从华盛顿国会大厦到 70 千米外的巴尔的摩的铁路线上的电线发送了一条编码信息。电报的编码可以翻译为："上帝创造了什么？"这是一个令人

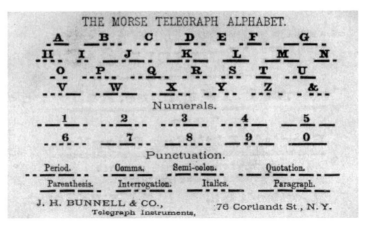

图 12　莫尔斯的电报机字母

焦虑的哲学问题，它已经从一瞬间的过去穿越到即将到来的未来。未来世界将发生不可逆转的变化，但当时没有人能预见这对人类会有什么影响。

电报最大限度地缩小了时间和空间的概念，当世人开始将其看作是一个哲学问题时，便会打破这个当时盛行的哲学观念。对许多人来说，信号从华盛顿传到巴尔的摩的瞬间，只是进一步证明了人类的技术天才在大发现时代的又一次胜利，证明了人类有如此多的宏伟方式改变自己生存的世界。对许多普通人来说，一种看不见的力量可以在短时间内通过电线把看不见的信息传递出去，这简直就是魔法。发送者和接收者彼此看不见对方，却可以实时"交谈"。这似乎令人难以置信，却是真的。当时的报纸广告称赞这个"非凡的装置"是"时代的奇迹！"这台神奇的装置里面是"以每秒28万英里（1英里 ≈ 1.61千米）的速度运行的电流体"。1883年8月26日，《纽约时报》通过横贯大陆的电线和中继站网发布了一则更加严肃，但同样令人印象深刻的报道。该报道指出：在遥远的爪哇岛上一个叫作荷属东印度群岛的地方，喀拉喀托岛发生了一次巨大的火山喷发。这件事发生几小时后，《泰晤士报》就报道了这件事。

但并不是只有莫尔斯一个人感到恐惧。其他人也有类似的反思心态，他们担心各种各样总是耸人听闻的通信技术正在影响着现实的世界。歌德就是其中之一。1825 年，他在给朋友、作曲家卡尔·弗利德里奇·蔡尔特（Carl Friedrich Zelter）的信中哀叹世界正在发生变化。他认为，现代属于"实干家"，这些人沉溺于工业和技术之中，以至于"没有人再了解自己"。他哀叹这些人对速度的狂热已经反映在了人类的生活："铁路、快件……以及各种可能的通信设备就是受过教育的人对现实世界所有事情的看法。亲爱的朋友，现在的所有东西都是极端的。"

出于一些不同的原因，马克思对此更为乐观。在《共产党宣言》中，他和合著者恩格斯都认为，"电报"对当时正在进行的第一次资本主义全球化做出了巨大的贡献。他们预言了"诸如电报这样的通信手段将会极大地促进"一个"世界市场"的出现，它将超越旧的障碍和旧的方式，创造一个新的和现代的活力。正如他们的名言："一切坚固的东西都烟消云散了。"

19 世纪后期的空气中确实充满了非固体物质，他们以电信号的形式作为一种无形的媒介独立于与人体的古老和基础的联系。在远处的文字就是在远处行动，而远处行动削弱了几千年来人类与技术和自然形成的个人和社会关系的模拟性和共鸣。这种通过无形联系产生的具有讽刺意味的距离，是工业和现代化强加给人们的另一种代价，但当时很少有人意识到这一点。就连像摩根大通公司（J. P. Morgan）这样的通信巨头也没有意识到这一点，它同样痴迷地认为电报和铁路只是进一步主导市场的一种方式，是一种可以借此赚更多钱的方式。

显而易见的是，对数百万受过教育的人来说，世界变得越来越小了，这些人是电报帮助创造的现代大众媒体社会的一部分。随着电报以及后来的电话和电视的出现，人类的语言、视觉和听觉能力变得更加技术化，这意味着个人和社会感受到的空间和时间都得到了延伸，因此可以断定（或者看起来是这样）拥有大量的知识便可以获得对世界的认知优势，也能因此获得更多的权力。

电报通信的野蛮发展助推人类与技术的古老互动取得革命性的突破。用马克思的"用时间消灭空间"这句话来描述这个时代的新的交流方式，其含义不仅是纽约人"知道"喀拉喀托火山在几小时前爆发。这是一个萎缩的过程，并且根植于以相似性和共鸣为基础的人类与技术的关系中。回想一下人类学最早对模拟关系的定义：识别是模拟关系的基本特征——等同于模拟机器，能够模仿人类在自然界和身体中认识到的行为。我们在望远镜或自行车中发现了行动和延伸。但是，当一股看不见的电流在地球的另一端传递出正在发生的事情的消息时，要识别物质上的人际关系就变得更加困难了。当马可尼（Marconi）发明无线电报后，这种技术上的无形性就变得更加神奇。

电报通信的野蛮发展助推人类与技术的古老互动取得革命性的突破。

这种认知的缺失也标志着人类互动控制的缺失。20 世纪 60 年代时，法国技术哲学家雅克·埃吕尔（Jacques Ellul）曾撰文指出，现代技术是一种"排斥人类"的力量，这种力量最早出现在维多利亚时代晚期的电报时代，它"遵守自己的规律……"，抛弃一切传统。对人类来说，技术已经变得过于聪明，人类失去了对其的控制。无线通信、自动化机器加工、电子操作和其他科技进步意味着现代技术不仅能够神秘地起作用，而且能够自主地起作用。埃吕尔撰文指出，"人与自然之间的缓冲"已经不复存在，人类再也无法"找到……"自己已经适应了数十万年的古老（技术）环境。

社会学家理查德·桑内特思考了规模问题和相关的认知问题。他写道：电气化的机器——无论是电报、火车，还是 20 世纪 50 年代的台式计算器，都是对人的延伸。但"它更强壮，工作更快，永不疲倦"。在我们对它的理解和认识方面的问题是，"我们通过参考人类尺度来理解它的功能"。从人类的角度来看，电报的功能和潜力几乎没有意义，只是世界随着信号的速度而缩小。然而，无论如何，电报对它的早期发明者和使用者来说都没有什么哲学或逻辑意义。所以他们在实用主义的层面发现了认同的错觉。电报出现后，人类默许它按照自己的规模和逻辑发展。此外，人类务实地（如果不合逻辑地）决定在任何可能的地方提高速度、自主性和神秘性。富兰克林的"时间就是金钱"原则推动了这一进程。以电报为例，它能够通过时间为更多的人缩短空间，因此将成为一种"高效"的、能够赢利的通信手段。这种放任将人类置于一个全新的、不同的技术层面上，一个除了其正式的科学和经济参数之外，几乎没有人能够理解的层面。

随着电报的发明，人类与技术的古老关系的物质基础开始以更快的速度瓦解。这是一项关键的模拟技术，其中包含了数字计算机的潜伏幽灵。数字计算机对人类交流的控制权只会随着电话、电视的出现而增强，并最终将所有这些都整合到个人电脑和移动电话中。电报行业潜力的重要性体现在其发展初期的半哲学和业余性质并没有持续太久。鉴于它过去的重要性，对很多方面都有较大的影响，所以不能让独立科学家的激情来支配，甚至不能让市场的分配力量来支配。在世纪之交时，电报还需要进一步发展，但在电报的形态上，谷登堡时代还羽翼未丰，终有一天会面对它的数字克星。但这种新型电力通信媒体首先需要站稳脚跟，电报也确实做到了。因此，现代第一个工业化垄断企业不是我们认为的钢铁、石油或铁路公司，而是西联电报公司（Western Union company）。

然而，富兰克林的"电火"必须变得更加复杂且更便于操作，电力技术才能将世界带入更高的模拟灵巧水平。电子学的发展将使之成为可能。

电子模拟

大众并不怎么关注电和电子学之间的区别。然而，它在模拟技术的历史上很重要，也是人类故事中的重要时刻。我们可以这样总结它们的区别：电能够驱动机器，而电子学使机器能够做决定。

让富兰克林的志愿者们感到震惊的那种电流是电路的作用，可以在某一点终止，也可以在一个连续的环路中持续传播。在物理学中，这种能量流相当于一个"模拟系统"，正如 R. W. 杰拉德（R. W. Gerard）所观察到的模拟和数字的区别："两个变量中的一个变量在另一个变量上是连续的。"电子学是控制电流的一种方法。关键是能够"切换"电流，使其以更复杂的方式和效果发挥作用。电流的断开是一个明显的区别，再次引用杰拉德的话，这表达了"数字系统"的基本特征是其"变量的不连续性"。这种在小范围内操纵电的能力是微电子学的基础，也是数字计算的基础平台。

模拟电子学为人类取得了重大的成就，所以这项技术可以称得上是一项革命性的技术。在 20 世纪 40 年代后期已经存在的电子模拟技术，特别是如电报、电话、无线电和计算机这样的通信技术，将被电子学重新升级到新的复杂程度和能力水平。的确，在微电子技术的推动下，1969 年 7 月的"阿波罗 11 号"登月之旅几乎是一个模拟事件。与此同时，微电子这种"魔法"会使模拟的手段和效果更加抽象，使它们在控制、规模、识别和速度方面与用户进一步分离。电子产品还使更多的工业和消费技术实现自动化，这也被公认为是一种进步。事实上，一些著名的思想家预言，电子自动化将创造一种新的技术混合体，一种超复杂的机器人——计算机系统，这种系统非但不会疏远我们，还会听从我们的命令。例如，计算机科学家约瑟夫·利克莱德（Joseph Licklider）在其影响深远的文章《人机共生》（*Man-Computer Symbiosis*）中，用"延伸"这个比喻来描述人类与技术的关系。在那篇文章中，他设想"机器延伸的人类"将"设定目标、提出假设、确定标准，并进行评估"，而计算机将在人类的最终控制下完成所有的日常工作。人类对这种高度复杂的机器人的普遍热情将通过军事和工业塑造战后的世界。事实上，到 20 世纪 50 年代末，电子系统已经被应用于自动化汽车工厂、军事指挥和控制系统，以及卫星通信等。

正是在这样一个快速发展、以电子产品为主导的变革时代，麦克卢汉认为，这个世界最具洞察力的想法当时正在他周围繁衍。然而，他对"延伸"这一隐喻的使用比利克莱德更为挑剔。到《理解媒介》这本书出版时，伴随着固态和基于晶体管的通信设备的大规模量产，人类已经创造了"地球村"。他写到，人类的声音和眼睛"已经实现了社会和制度的延伸"。这标志着一种新的人类与技术的关系，在这种关系中，"电子通信，与人类的神经系统一样，使所有人都能与世界上的其他人处于某种联系之中"。乍一看，这似乎没什么不妥。然而，麦克卢汉接着说，通过"从技术上延伸我们的意识"，使人类获取主观经验的过程，即人类最常用的认知和感知的方式，以及以人类尺度衡量和理解世界的方式，开始逐步失去其建立认知的能力。每一次电子通信的创新都意味着模拟思维和行动之间的裂痕进一步扩大。通过新的交流方式，人类越来越难用我们进化的模拟方式来把握时间和空间以及自己与它的关系。换句话说，如何理解全球通信呢？如何理解全球通信理论上使所有人都能与世界上的其他人处于某种联系之中？事实是我们做不到这样，至少不能完全做到，所以我们默认了一种现代实用主义，让技术做它自己的事情，因为可以实现全球通信，而单靠人则不能实现。

　　麦克卢汉适时地将注意力转向了他所认为的隐藏的消极因素："在很大程度上，在电力时代，人类同时在各地共同存在是一种被动的，而不是主动的经验。"所谓的被动体验，是指在不断发展过程中我们的眼睛作为主要感觉器官去观看，而不是互动地去参与，是放弃控制，但以一种被即时连接的魔力所创造的幻觉所掩盖的方式参与。这是电子技术最重要的影响。麦克卢汉所谓的"信息"是，无论电子技术应用于什么领域，微观层面上的自动决策，加上自动化在宏观层面上的技术对世界的影响，都使我们与它的作用倍加疏远。因此，电子革命是米歇尔·福柯（Michel Foucault）所说全社会处在"自动温顺"的状态下的"温顺的身体"或"服从的齿轮"。但是，作为技术史的一个共同特征，这是一个征服的过程，由于我们对技术进步的意识形态的集体投入，它在很大程度上被忽视了。

> 每一次电子通信的创新都意味着模拟思维和行动之间的裂痕进一步扩大。

在 20 世纪 60 年代，随着电子模拟技术范围的不断扩大和威力不断增强，各个行业都出现了变化，而且不可避免地改变了早已实现工业化的文化和社会。卫星在很大程度上使"地球村"成为可能。而卫星本身，迄今为止还只是科幻小说的化身，但它却抓住了全世界大众的想象力，尤其是在 1957 年苏联发射了"斯普特尼克号"（Sputnik）人造卫星之后。"斯普特尼克号"引发了美国和苏联之间的"太空竞赛"，也在西方引发了一场商业战争，通过将越来越多的联网消费者带入"地球村"，来继续这场通信革命。例如，1962 年，美国、法国和英国联合发射了第一颗"电星 1 号"（Telstar）卫星，用于传输电话、电视和电报的信息。（图 13）

"电星 1 号"是一项令人叹为观止的技术壮举，正如当时一部新闻影片所描述的那样，它将"重塑人类的未来"。世界各地观看了这部影片的公众被随之而来的宣传所吸引和鼓舞，以至于"电星 1 号"和它的太空时代精神在流行文化中取得了巨大的成功。例如，英国流行乐队"龙卷风"（Tornados）在卫星发射的同一年发行了一首《电星 1 号》（*Telstar*）的同名单曲，并成为第一支在美国获得销量冠军的英国乐队。事实上，这首由实验音响工程师乔·米克（Joe Meek）制作的歌曲在西方世界引起了巨大的轰动。这张单曲的销量如此成功，其中一个主要因素是它独特的高科技声

图 13　1962 年"电星 1 号"卫星模型

音，一种大多数人在那之前从未听过的声音。这些歌曲的未来主义旋律是由"克拉维林"电子键盘制作而成的，这是一种发明于 20 世纪 40 年代末的电子键盘，使用开关来改变和控制可能被键盘播放器扭曲的连续振动的音调。随着《电星 1 号》的推出，电子音乐开始面向全球听众。

　　另一个著名的电子键盘是"美乐特朗"（Mellotron）。1963 年推出的这款管风琴实际是在机器内部装上连续循环播放的录音带，它激发了音乐家们探索由龙卷风乐队和他们的音响工程师开创的在当时十分流行的太空时代主题。大卫·鲍伊（David Bowie）的《太空怪人》（*Space Oddity*）（1969）、平克·弗洛伊德（Pink Floyd）的《天籁之声》（*Celestial Voices*）（1968）以及《月球的黑暗面》（*Dark Side of the Moon*）（1973）的诸多章节都使用了这种声音。在披头士乐队（the Beatles）1967年的《草莓地》（*Strawberry Fields*）的著名序曲中，也出现了美乐特朗发出的猫头鹰般的鸣叫音。随着流行音乐的发展，电子晶体管将20世纪40年代的拾音器电吉他变成了现在严格意义上的电子吉他，尽管当时没有人这样称呼它。诸如送效果器电路板和哇音踏板之类的对吉他的创新意味着声波可以被控制和操纵，从而发出人耳从未听过的声音。的确，这些踏板产生了某种60年代末迷幻时代的标志性声音，当时吉米·亨德里克斯（Jimi Hendrix）在1969年伍德斯托克音乐节上以送效果器电路板和哇音踏板为主题，给大家上了一堂大师课。

在伍德斯托克音乐节（Woodstock）开始举办之前，电视新闻主播沃尔特·克朗凯特（Walter Cronkite）多年来一直在告诉美国人，当天报道的事件"事实就是如此"。自20世纪50年代初以来，电视一直是大众热衷的电子技术产品之一。视觉和声音的结合（弥补了电影和广播未能将两者结合的遗憾）被证明是一种强大的刺激，让人们非常期待这项新技术能带来哪些改变。尽管电视固有的模拟特性导致其会因为天线吸引电磁噪声产生干扰导致图像质量变化或出现"雪花"点，但电视依然受到了广泛的欢迎。到 1958 年，美国居民的电视拥有率已经达到 85%。20 世纪 60 年代中期卫星电视和后来的彩色电视问世，电视的感官体验进一步增强，被动的交流体验也进一步得到增强。通过电视，尤其是新闻和时事节目，观众可以看到一个抽象的、更广阔的世界，这个世界往往与他们所处的现实世界大相径庭。这种被动或半被动的观看方式对观众的认知和心理产生了影响，尽管这些影响往往基于错误的观念。麦克卢汉称之为对世界的"高度人类意识"，仅是基于一个来源不明的闪烁或模糊的模拟信号，再一次向其观看者传达了某种神奇的效果。

　　电报、电影和广播均按照自己的方式产生了一种信息和知识的模拟流动。声音和视觉的流动脱离了直接的理解，因而体现了中介性和直接性的双重属性。与以前的主要模拟信息技术的认知交互相比，观众会处于劣势地位。电子学使电视从生产到消费的流程从源头上更容易操纵和控制。这种技术效率，其主要标准是商业效率，或者是通过源源不断的可观看和令人信服的刺激来吸引和留住观众的能力，意味着人们很少或根本没有时间去适当地思考所谓的信息。无论是 20 秒的牙膏广告，还是长达 1 小时的莎士比亚的《第十二夜》。

相比之下，纸上的文字，如报纸、杂志或图书，在时间和空间上是固定的。读者可以花时间仔细阅读并反思其中的信息。这是自谷登堡时代以来就存在的印刷文化的实践，它塑造了我们对更广阔世界的认识，并与之互动。我们似乎并未意识到，电子技术媒体极大地破坏了这种局面。

文化研究学科的奠基人之一雷蒙德·威廉姆斯（Raymond Williams）研究了电视声音和图像的电子流对认知的影响。他在1974年出版的《电视：技术与文化形式》（*Television: Technology and Cultural Form*）一书中，对电视新闻节目进行分析时指出，在明确相关的项目之间缺乏联系，节目编辑努力将所有广告和节目特写（相关的或不相关的）——融合成一个序列或"可消费的报道和产品流"，目的是制作出一整套的商业产品。对电影或视频的编辑、传输和接收过程进行精细的电子控制，创造了一种特殊的广播传播，一种与印刷文化传播截然不同的传播。正如威廉姆斯所言："在广播之前的所有通信系统中，基本项目都是不连续的。例如一本书或一本小册子就是一个可供阅读的物品，或者在某一特定日期举行的会议，某剧院在固定时间上演了一出戏。广播的不同之处不仅在于操作开关便可在家中进行这些活动。它提供的是通过单一维度和单一操作可以选择这些活动和或与之类似的活动的一个序列或一组替代序

列。"（图 14 ）

图 14　1968 年人们通过电视观看新闻报道

　　电子技术改进、控制和自动化模拟技术所能做的事情改变了世界，特别是通信技术。通信技术包括了运输技术，如喷气式飞机、太空探测器、卫星和把人送上月球表面的火箭，将人与模拟的关系推向了最高级别的复杂程度，并从最初的手眼共振关系延伸到了最远的距离。交通工具和媒体缩小了现实世界的时间和空间，如今又改变了世界的样貌，所以我们被迫接受它所象征的新现实，并试图相应地理解它。作为我们这个充斥着错误信息、虚假信息和"另类事实"的时代的先驱，晚期的电子模拟媒体技术已经足够成熟和复杂，足以创造一个实时的"地球村"。"地球村"容纳了数十亿人，他们共同体验一个表征的世界，一个主要由视觉文化和景观构成的世界。

居伊·德波（Guy Debord）对 20 世纪 60 年代的电视消费社会进行了深刻而彻底的批评，他认为异化是新技术被动消费服务所产生的根本影响。他认为，异化本身就已经令人无法忍受，而消费行为使异化变得让人更加无法忍受，因为人们开始通过购买"产品"来填补异化所开辟的心理空间。异化被景观所平息，也为马戏团赚取了钱财。正是这种又远又近的景观开始渗透到生活中，并使自己成为消费服务中"真实"的试金石。在《景观社会》（The Society of the Spectacle）一书中，德波写道："当现代生产方式成为社会主流时，生活本身将变成海量'景观'的汇集，所有活生生的事物都会被消解，让位于再现。"他抨击了这种虚无缥缈的现实形式："在当今这个时代，人们喜欢符号而不是符号所指代的事物，喜欢复制品多于原始的物品，喜欢表象多于现实，喜欢表象多于本质……只有错觉是神圣的，真理变成了一种亵渎。"

20 世纪 60 年代，电视的制作能力和对现实的可疑描述迅速成熟起来。例如，大多数被调查的人认为，1960 年尼克松和肯尼迪的第一次电视辩论是两位有抱负的人之间的客观思考，他们在观众面前呈现得像"真实的"人。但实际上，尼克松身体不适，但他拒绝通过化妆来改善形象，这是数百万观众所不知道的事实。他汗流浃背、脸色苍白，如果大众将他的身体状况解读为身体不健康和虚弱的表现，这对他的竞选简直是一场灾难。另一项对通过广播收听辩论的人进行的民意调查显示，尼克松赢得了 49% 的选票，肯尼迪赢得了 21% 的选票；而通过电视观看辩论的人中，有 30% 的人认为肯尼迪获胜，而尼克松赢得了 29% 的选票。

奥运会是"地球村"的第一个全球性奇观。数以百万计的人"见证"了这十年来分别在罗马、东京和墨西哥城举行的三次奥运会的电视转播。开幕式和闭幕式经过精心设计并赢得了众人的瞩目，奥运会的标志是象征"五大洲团结"的五个相互交织的圆环，呈现出"一个关注维护人类尊严的和平社会"。但是，抛开电视和被动消费的维度，20 世纪 60 年代的客观世界是动荡的，其中任何一个单一事件或一系列事件都可以融入奥运会的电视转播流程，从而产生"一个单独操作下的单一维度……"在网络晚间新闻中播放。

"现实"是指电视技术将现实呈现为一种流动的、无缝衔接的商品。电视的单向技术创造了一个我们可以观看的世界。但即使观看了世界，我们也不一定是其中的一部分。在 1972 年拍摄的一张非常著名的照片中，这种宇宙距离有了自己的宇宙学形式。"阿波罗 17 号"（Apollo 17）宇宙飞船的一名航天员拍摄了人类从太空拍摄的第一张地球全景照片。这张照片标志着人类第一次在从未去过的地方看到的地球奇观。在这张图像中，再现、商品、幻觉和距离在 1/250 秒的快门速度下交会在一个模拟焦点上。这张照片显示了人类已经生活了数千年的星球的单一图像。然而，模拟技术的复杂电子表达使技术的重大进步达到顶峰，最终并决定性地使人类从象征性和实际的维度中疏远了与地球母亲的距离。

模拟时代的尾声

如果我们想要理解从模拟时代到数字时代的历史性转变，我们需要重点了解 20 世纪 60 年代的反主流文化（此外，它还对抗了被暴力和商业电视搅乱的主流文化）及其与技术，特别是与计算机的关系。人们普遍认为 60 年代是"开机、收听、关机"的迷幻时代。但相反，许多人认为战后社会共识的破裂，恰恰证明了大众和民主的技术变革。所以，与现实物质世界的接触，才是个人获得自由的机会。

美国建筑师和发明家巴克敏斯特·富勒（Buckminster Fuller）在 20 世纪 50 年代谈到了"宇宙飞船地球"，以及一个由全球"主计算机"创造和控制的"系统"方法可以解决的问题世界。富勒的科幻愿景带来了深远的影响，这一愿景被更实际的反文化主义者，尤其是来自美国旧金山湾区的人实现了。斯图尔特·布兰德（Stuart Brand）就是其中的一员，他于1968年创立并编辑了《全球概览》（*Whole Earth Catalog*）杂志。布兰德也反对主流文化，主流文化认为，由无所不能的电视文化所传播的猖獗而浪费的消费主义正在破坏可持续性。杂志的副标题是《获得工具》（*Access to Tools*），封面上印着各种从太空拍摄的地球的照片。（图15）杂志中列出了可供出售的书和工作手套等物品，并刊登了一些专题文章，例如如何搭帐篷、如何制作太阳能电池板，以及日本建筑的生态效益。该杂志重点关注以下几个项目：

有用的工具，

与自主教育相关，

高质量或低成本，

还未形成常识的知识，以及

可通过邮件轻松获取的内容。

虽然这本杂志中有很多反主流文化的言论，认为需要重新建构地球、与古老的和新的知识之间的联系，但也很早就开始关注计算机带来的益处（作为富勒"系统"方法的一部分）是实现自由的工具。在第一期杂志中，杂志列举的诺

图 15 《全球概览》的生产过程（1971 年）

伯特·维纳（Norbert Wiener）1948 年的著作《控制论：关于动物和机器的控制与传播科学》（*Cybernetics: Control and Communication in the Animal and the Machine*）使控制论的观点得到了推广。或许是布兰德撰写了这本书的宣传稿，大赞"麦克卢汉认为计算机构成了人类神经系统的延伸的主张"，但他也警告说，"这只是关于交流的新理解的其中一个方面"。

最后，他总结说："社会，从有机体到社区到文明再到宇宙，都是控制论研究的范畴。"宣传词也引用了书中的内容，即维纳在书中强调的控制论对于自组织系统的重要性，尤其是对于提升无组织系统的稳定性。

自组织理论是理解此时发生的变化的关键。作为控制论的核心，它与自动化关系密切。对早期的狂热者来说，后续出现的计算机系统（模拟或数字）有助于将当前混乱的世界重新整合在一起。结果表明，系统越自动化，效果越好。在社会世界中，计算机网络中的个人网络将使我们回归富勒、维纳和布兰德认为是事物自然秩序的自我平衡状态。旧金山诗人理查德·布朗蒂甘（Richard Brautigan）在 1967 年的《爱之夏》（*Summer of Love*）中写道："由爱的恩典机器照管一切。"

1967 年 10 月 6 日，嬉皮运动的模拟葬礼在旧金山的海特—阿什伯里区举行，这不仅象征着"爱之夏"的结束，也意味着一个新的后迷幻时代的开始。城市里的公社已经开始没落，为电脑俱乐部让路。流行计算的概念已经逐步被大众接受。特别是在加利福尼亚州南部甚至更远的地方，许多人已经开始使用商业上可用的工具自行进行计算。例如，1975 年在门洛帕克成立的著名的家酿计算机俱乐部（Homebrew Computer Club）被认为影响了史蒂夫·乔布斯（Steve Jobs）

和史蒂夫·沃兹尼亚克（Steve Wozniak）等早期硅谷领袖。俱乐部的精神源于同样来自门洛帕克的人民电脑公司（People's Computer Company），该公司 1972 年的简报宣称："电脑过去一直是用来与人对抗，而不是为人服务；用来控制人而不是解放人。是时候改变这一切了，所以我们需要成立人民电脑公司。"

"PC"这个首字母缩略词的含义似乎已经被计算机历史所遗忘，PC 指的是个人电脑（Personal Computer）。我们也忘记了这是一件令人惊讶的事情，一件看似神奇的事情：只要你在家里或办公室里拥有一台电脑，就可以完成各种各样的新活动。"个人"标志着（或承诺）个人的自由。对硅谷的市场营销者来说，自由就是不受某种特殊约束的自由，即不受商业和政府中的官僚主义和规则的约束。自由主义理念与商业上的新自由主义革命以及更广泛的资本主义交织在一起，因此我们在 20 世纪 80 年代和 90 年代见证了最早只是作为一种商业工具的个人电脑开始跳脱出商业领域，更广泛地应用于文化和社会中。因此，互联网或类似互联网的时代必然会崛起。

在所有这些客观的变化中，几乎没有人注意到：随着我们的生活变得更加计算机化和网络化，随着数字的逻辑开始接触和改变一项又一项技术和一个又一个过程，人类与技术的主观关系开始发生变化。对普通用户来说，虽然数字的本质和逻辑已经消失了，但他们对一台具有处理能力的计算机所能处理的工作，以及在与其他计算机连接后能完成哪些任务感到非常惊讶。但人类鲜少从哲学和人类学的角度考虑向数字世界转变究竟意味着什么。谷登堡的印刷机问世几百年后，它对认知文化的影响才开始改变欧洲社会。从数字到模拟的转变甚至不需要用上几十年的时间。这种加速的变化导致人类集体地忽视了向数字时代转变的革命意义，以及随后人类的诸多模拟本质和关系的过时意味。

7

第七章

模拟向数字的转变

谁将成为人类的继承者？答案是：人类自己正在创造自己的接班人。人之于机器，就像马和狗之于人。所以我的结论是，机器是有生命的，或者正在变得有生命。

　　——塞缪尔·巴特勒（Samuel Butler），《塞缪尔·巴特勒的笔记》（*The Notebooks of Samuel Butler*），1912 年

除了人类的思想之外，世界上的每一条信息都已经被复制和备份了。人类的思想是数字世界里最后的模拟设备。

　　——罗伯特·福特博士（Dr. Robert Ford）［安东尼·霍普金斯（Anthony Hopkins）饰］，摘自电视剧《西部世界》（*Westworld*）第二季，第 7 集

未来，碳进化的生命和硅构建的生命之间的界限逐步瓦解。我们正在以极快的速度迈向这样的世界。

　　——克里斯托夫·科赫（Christof Koch），《生命之感》（*The Feeling of Life Itself*）

模拟视角：简短概括

我试图传授有关模拟实用性的基础知识。本书也阐述了诸多的模拟实用观点。在其所处的历史时期，这本书对模拟知识领域进行了一些不同以往的必要的探索。虽然这本书的重点是讲述技术方面的内容，但其实际意义已经超出了技术的范畴。通过技术哲学和人类学的结合，这本书展示了生活和进化中的人类如何与技术的动态发展相融合。

我的方法表明，我希望从整体上看待模拟，扩大关注范围，以便将其置于具体的情境中，从而使对模拟的理解也成为对人类在过去、现在和未来的理解。这在当前这个数字统治的新时代中尤其必要。

这一方法在两位思想家的论文中都得到了证实，他们都对人类与技术的相互作用发表了自己的见解。首先是阿诺德·盖伦。早在 19 世纪 70 年代，恩斯特·卡普（Ernst Kapp）就开创了早期的"德国学派"技术理论。在此基础之上，盖伦于 20 世纪 50 年代提出了"哲学人类学"的概念。另一位更著名的思想家是马歇尔·麦克卢汉，他的媒介哲学改变了我们对媒体作为社会世界塑造者的重要性的理解。他们都试图通过一种哲学的观点来理解技术，而我的解释可以概括为：作为人类，我们发明和塑造我们的工具，这些工具在持续的互动中重新塑造了人类。

麦克卢汉提到的技术就是模拟技术，尽管他从未说明过。他可能从来没有想过要阐明这种技术，因为在他写这些内容的时候，以及在此之前的多个世纪里，本身就是模拟技术盛行的时代。从弹弓到导弹，从象形文字到卫星电视，其本质属性都是模拟。在某种程度上，我们甚至考虑到它们的本质，大多数技术的本质都是模拟，因为我们能够认清它的基本工作原理——类似于我们的身体或我们周围的自然环境。扩展原理也说明了这一点。因此，我们可以认为，随着轮子（作为人脚的一种可识别的延伸）的发明，人类和人类所处的世界发生了巨大的变化和进化，尽管经历了漫长的历史过程。同样，随着文字的发明（作为口语的一种可识别的延伸），我们可以看到相互进化的过程是如何从简单的基于楔形文字的会计系统发展到基于卫星通信的全球大众媒体系统，只是这一次是在一个更快的历史变化进程中。

麦克卢汉宣称媒介就是信息，他并没有尝试研究人类与技术之间关系的本质，而是认为这是一种互动的、进化的关系。他"仅仅"认为人类在进化的关系中发生了变化，但在这一点上，他假设技术本身是模拟的，人与技术的互动是基于古老的等效性。从整体上看，从人类学和哲学的角度理解，麦克卢汉、盖伦等人认为，人类自己就是最早人类开发的工具的模拟物，不论是在形式、功能和逻辑上，这些工具都是人类的模拟物。

只有当前，在数字化的背景下，我们才能更全面地理解模拟。我们也可以更好地理解为何数字在模拟的时代依然能征服模拟。这一转变发生的速度极快。许多经历过这种变化的人都没有意识到它的重要性。因为伴随而来的进步思想鼓励人们相信，计算机化是在寻找问题的解决方案。然而，也有人持不同意见。1985年，德国技术哲学家贝尔纳·斯蒂格勒（Bernard Stiegler）曾指出：“当（我们的）大脑被制造出来后，在没有模拟其起源就用来处理数字信息时，显然已经越界了。”现代社会的问题是知识（作为信息）的私有化，这些知识被隔离在商业数据库中，作为商品储存或出售。另一个问题是，对这些知识的控制权被割让给了企业的专有服务器，也被割让给了机器本身。

越界

让我们先稍微纠正一下斯蒂格勒的说法。他坚持认为人类“越界”了，就像他严厉抨击的许多现代性观念一样，表明社会正在（曾经）缓慢地走向进步。在人们普遍对即将到来的个人电脑革命充满热情，并将数字化视为人类未来的时代，我们似乎很难理解文字的存在。然而，如今，我们可以看到，发展的方向是相反的，数字化和它所包含的未来向我们走来。"我们"并没有越界，而是数字技术与计算机化——正在"殖民"我们的个人和社会空间。如果我们适应了过去和当下的商业革命的需求，就会拥抱一个光明的未来。

一些人早在 1967 年就认识到，革命即将裹挟我们这些普通的社会成员。然后，罗伯特·麦克布莱德（Robert MacBride）在他的《自动化国家》（*The Automated State*）一书中指出，计算机构成了一种"社会的新力量"，它有能力"接触"模拟机器和人，使它们遵从自己的逻辑。但这种"力量"受到政府和工会的控制，因为他们担心自动化会破坏就业。到了 20 世纪 80 年代中期，随着小政府和自由市场意识形态开始在英语圈占据主导地位，特别是，随着竞争的需要和利润的驱使，这种担忧被遗忘了。在迅猛的经济改革浪潮的推动下，随着计算机化和自动化适时地占领了经济、文化和社会的大片领域，以及个人的私人领域，这条"界线的确被跨越了"。人类的身体和大脑确实是"为数字信息而生的"，但其方式和影响几乎被认为是一种即将成为硅谷式霸权的助推器。

对那些确实考虑过向数字化过渡的人来说，大多数人的灵感都来自辉格式的自由主义文化。这种文化认为现代技术发展和现代资本主义从本质上说都是积极的。至于其引发的问题或意想不到的后果，如二氧化碳排放量上升造成的全球变暖，或汽车事故造成的道路死亡人数激增等问题，最终都会借由理性和改进技术得到解决。然而，弗洛伊德在1930年的《文明及其不满》（*Civilization and Its Discontents*）一书中，早就分析人类因技术发展而产生的自满，以及随之而来的对进步的普遍不容置疑的信念。他指出"人类已经成了人造之神"，意思是新技术的发展延伸了人的身体和思想，人类已经将自己视为世界的主人。弗洛伊德承认，我们有时也意识到这种力量可能会引起"麻烦"，但是，他接着说，我们也认为技术引起的麻烦通常都能够通过技术得到补救，所以"当人穿上所有辅助器官时"，便傲慢且错误地认为自己的确"非常伟大"。

弗洛伊德对人类对现代性和进步的深层心理投入的论述，与我们在本书中讨论的主要的模拟衍生物的积极叙述相吻合。文字、印刷术、电报、电和微电子、卫星通信，甚至登月，都是这些"辅助器官"为了树立"非常伟大"的形象做出的成就。然而，反观这些技术发展带来的负面因素，比如地球变暖和每年的交通事故死亡人数，我们便能发现人类很难消除这些负面因素。经济学家所说的"外部性"，或者是进步的隐性社会、环境和文化成本，共同形成了晚期的现代资本主义。自动化是另一个隐藏的外部性。从人类与技术的互动层面看，一种古老而根深蒂固的人类对自动化的迷恋掩盖了自动化所产生的根本问题。正如盖伦所说："对自动化的迷恋是一种前理性的、超实用的冲动，几千年来，这种冲动在魔法中得到了表达，成为一种超越人类感官的事物和过程的技术。"

人类一直保有这种"冲动"。尤其是在工业革命之后，所有生产过程中的机器新发明都以实现自动化为目标。

正如前面多次指出的那样，我们从来没有完全摆脱自己的固有印象，认为极度复杂的技术是一种魔法。随着自动化的每一次重大发展，从提花织机到云计算，我们与技术过程直接参与的减少源于这样一个事实，即人类逐渐失去了对部署到世界中的技术的方向、效果和外部性的控制。数字技术使当今的普遍自动化进程成为可能，这表明我们不再塑造工具，也不会被工具塑造，而是我们自己在一个日益片面的过程中被塑造。换句话说，在向数字化的过渡中，人类对人与技术关系的控制和参与程度急剧下降。

直到现在，我们才开始模糊地意识到，布雷特·弗里施曼（Brett Frischmann）和埃文·塞林格（Evan Selinger）在《重新设计人类》（*Re-engineering Humanity*）一书中所说的"实际代理"的一种开放式的"减少"。他们认为，我们"把对自己的欲望和决定的控制"让给了我们不理解的自动化算法，这些算法并不像模拟技术能够在自然界中找到类似的东西。自动化算法主要从生理和认知两个方面影响着人类。从生理上说，它影响了人类与机器和物质世界的关系；从认知的层面看，它影响了我们大脑的意识和突触结构是如何被屏幕上显示的数字世界所重塑的。

模拟到数字：生理效应

表面上看，自动化的目的很明确，就是为了减轻劳动力的身心负担。这似乎是一个合理且可敬的目标。作为人类，我们天生就受限于我们的身体，如果自动化行动可以完成劳动，那么它们不仅会把个人从令人疲惫和缩短寿命的工作中解放出来，而且还会以积极的方式改变社会。正如我们之前提到的，亚里士多德早在实践成为可能之前就理解了自动化的原理。在《政治学》一书中，他指出：当机器"自行运转"时，那么"主要工人将不再需要仆人，主人也不再需要奴隶"。他的观点表明，机器越复杂，就能越多地减轻工人的负担。几个世纪以来，人们一直认同这种观点。但无论如何，节省人类的精力，让我们从苦差事中解脱出来，自由地追求自己的抱负，发挥被体力劳动束缚的所有才能，能有什么问题呢？

　　就数字殖民化而言，很多事情都可能出错。随着自动化和计算机化进一步外延，随着机器夺走人的一份又一份工作，随着艺术家和工匠作为一个特殊的阶级或群体消失，成为昂贵的专业市场（如版画、制表、玻璃吹制、啤酒酿造、葡萄酒酿造、家具制造和各种手工艺品）的流水线工人，某种更深刻、更普遍的东西消失了：智人的概念。这也回应了本书之前谈到的罗伯特·M.波西格、马修·克劳福德和理查德·桑内特等作家的讨论，他们越发意识到，我们正在失去用双手工作的模拟实践，不再能够因为制造、修理和修补我们能够识别和理解的机器和技术与它们共同进化。（图16）

图 16　在日本的一家生产工厂里，人类和机器人一起工作的场景

我们可以从社会学角度看待智人概念的消失。例如，对于数以百万计的（通常）男性来说，周末的例行公事是花几个小时在引擎盖下调整或更换零件，把车辆维护到他们认为自己平时驾驶时较为顺手的车况。如今，即使是普通的汽车也是一台高度复杂的机器，通过复杂的电子和计算机组装和控制，从而尽可能高效和自动地运行。除了给这些机器加满油和水之外，大多数人不知道如何操作这些机器。在 20 世纪 70 年代，据说（可能是杜撰的），如果你买了一辆工人们周一组装的英国利兰（Leyland）汽车，那这辆车可能不那么好开。据说，流水线上的工人们很可能得了星期一综合征，或者宿醉未解，而他们被"曲木"塑造而表现出的不可避免的人性弱点，将在精神上和身体上转移到这辆命运多舛的车上。而如今的汽车是由机器人按照严格而复杂的规格全天候生产的，它们拥有人类无法比拟的准确性和能量，全天候地准确执行编程任务。完全无人驾驶汽车将移除这种关键的（曾经是模拟的）现代技术中最后的身体和认知代理元素。

自动化不仅在汽车制造业减轻了日常、乏味和体力劳动的负担，在整个经济领域亦是如此，从货架堆放到作物收割，从面包制作到垃圾收集。总的来说，企业将不惜一切代价实现机器人化，并因此在诸多司法管辖区获得税收减免。因此，服务生产已经取代商品生产成为人们最主要的就业形势。诸如会计、教学甚至外科手术等服务本身也受到自动化趋势的影响，在任何可能的情况下消除生产过程中的人的因素。

我们非常清楚自动化泛滥所引发的重要影响。由于不再需要从事体力劳动，许多工人开始久坐不动。虽然商品生产中体力劳动的减少已经持续了很长一段时间，但过去的几十年里，由于计算机化，这一过程大大加快了。我们也敏锐地意识到体育活动减少所引发的后果：肥胖。机械化生产廉价劳动力的同时，也使我们许多人缺乏体力活动。数亿人超量摄入卡路里，卡路里的消耗量却严重不足。

迅速增长的肥胖死亡率与数字服务经济的兴起有关，这表明自动化与人类（非）体力劳动的结合的确会引发致命的影响。动画电影《机器人总动员》（WALL-E）就描绘了这样的一种有害的结合。在这个迪士尼式的反乌托邦世界里，地球已经被人类摧毁了，我们的物种早已被一家大公司疏散，在宇宙中无限期地巡航，生活在一艘星际飞船里，所有的需求都靠自动化来满足。（图 17）

事实上，剧中人物的生活已经实现高度的自动化，他们只需要看着屏幕，在一个陌生的、无钱、无竞争的消费经济中消费。具有讽刺意味的是，剧中主角瓦力（WALL–E）是一个"搬运工"机器人，是唯一一个有能力思考和识别人类

图 17 《机器人总动员》剧照（2008）

情感的机器人。在电影中，人类的关系已经极度疏离，生活在自由漂浮的阴霾中。作为一个共同进化的过程，我们与技术的联系已经消失了，事实上，人类的进化已经停止在这个高度自动化的非世界中。除了存在之外，生命没有意义，也从未思考过存在的问题，因为在一个预先编程的经历中，生命的意义何在？

《机器人总动员》虽然是一部科幻电影，但它却能清晰地预见人类未来的生活。未来的自动化使人类失去了作为智人的能力，在这种情况下，我们失去了与工具的共鸣和认可，这些工具给了我们在物质世界中的能动性和潜力。虽然人类离电影中描绘的反乌托邦愿景还很远，但我们每天都在朝着这个方向发展，把主权和控制权交给了自动化和计算机化的过程，我们很少有人要求自动化和计算机化，但很快就依赖了这些过程，比如手机及其蓬勃发展的应用经济、Wi-Fi 连接、网上购物、社交媒体、即时通信等。自动化生产和服务这棵隐形大树上的无数果实，神奇地把生活必需品落在我们的腿上。这部电影最终提出了关于知识和技术选择的哲学和政治问题。我也会简短地谈到政治问题，但先在此稍作总结，我想通过哲学家布莱恩·麦基（Bryan Magee）对这个问题的看法来阐明人类和技术的哲学问题。麦基告诉我们，在一个我们几乎无法理解的世界里："我们把目的植入机器之中，我们的感官和思维也能理解这些机器的功能和输出……无论借助何种技术或理论，我们感知或想象事物的所有形式和范畴，其最终是否能够被理解都依赖于我们身体器官的本质，这是一种偶然事件。"

在技术关系中，我们的身体结构当然是偶然的，但这个偶然的空间已经被数字技术统治，向数字世界的过渡是我们的身体结构想要尽可能地消除人类因素的内在使命所驱动的。这已成为人类的集体共识，所以我们不自觉地将自己从模拟技术和自然世界的结合中解脱出来。我们处在一种信息消费不断积累的生活中，无处不在的数字屏幕上便是这种消费的载体，而共鸣和识别的关键模拟品质在零和过程中逐渐消失。我们越是拥抱（或被拥抱）数字技术，就越会失去模拟的根源和传统。因此，在向新技术类别过渡的过程中，这条道路的逻辑是走向《机器人总动员》中所描绘的反乌托邦世界。但偶然性也是可能性的存在。我们的社会可以走另一条路，但只有当我们认识到并理解我们在被迫迈向数字化的过程中失去了什么，我们才能离开我们预先设定的道路。

> **我们越是拥抱（或被拥抱）数字技术，就越会失去模拟的根源和传统。**

从模拟到数字：认知效应

我们自然需要提醒自己，写作和阅读是与技术的互动。在更深的层次上，我们也需要提醒自己，技术是模拟的，因为它象征性地等于说话，听到声音，以及随之产生的思想。媒介通过愿望、梦想、计划、恐惧、情绪、恐惧和其他想法所产生的内容，通过写作和阅读进入到了人的意识当中。任何"浮现在脑海"的东西都会以认知（即知识和理解）的形式呈现，而其中的许多东西都是通过这种令人惊讶的技术获得的，有的人认为这是理所当然的。技术也能控制人的思想和意识。它将人的思想和意识训练成线性和一种分析思维的形式，这种思维方式与纸上的文字模式相对应，所以无论是书面的文字还是口头的文字，都被组织和整理成文本。

这种技术结构和线性也成了控制人的思想方式和手段。这被称为叙事思维，人不仅可以通过读写能力来学习，还能通过自己出生地的读写文化来学习。此外，学习的效果在我们彼此交流，说话、读写的过程中也不断得到加强。叙事结构以故事为基础。一般来说，叙事都遵循开头、中间和结尾的线性结构，在这个意义上叙事就是一种类比。

写作和阅读是一种强大的交互技术。它给了我们坚持的信仰体系，知识和真理的概念，以及科学和民主带来的进步和正义的观念。所有这一切，甚至更多，都源于一种由纸上抽象符号组成的技术，这种技术最终通过谷登堡印刷技术和随后的各项印刷技术的进步实现了文字印刷品的大规模生产。纸上不起眼的符号通过某种特定的技术让人类走上了一条特定的道路，产生了一种特定的（尽管内部是多样化的）人类与技术的互动，最终产生了一种以印刷术为基础的印刷文化。虽然印刷文化在各地的表现形式各异，但最终都表现成一种压倒一切的现代意识，这种意识给了人类表达自己作为有意识的存在的所有基础，从形而上学的信仰到唯物主义的确定性再到哲学的怀疑。

那么，文字和阅读本身的过程又会如何呢？向数字化的过渡又会对此产生何种影响？

文字在时间和空间上是固定的，可以保存几千年。阅读提高了诸如识别主题和概念以及分析和推断能力等技能。单词的结构和语法及其意义层次促进了人与人之间的交往以及与世界的互动。随着历史的发展，这些活动通过教育系统和相关的大众识字率的提高得到了发展。

神经科学告诉我们，这种特殊的相互作用对大脑的结构产生了直接的物理和神经化学影响。功能性磁共振成像（fMRI）显示，阅读印刷文本有助于发展大脑中处理记忆和注意力的突触连接。因此，与文字和阅读的模拟连接不仅使人类变得有文化、有洞察力、有知识，而且还通过这种特定的人类与技术互动的方式塑造了人脑的物理和神经化学结构。

人们常常忘记，阅读有其自己的时间节奏和限制。我们只能工作这么快。阅读只有在达到一定的量后才能有效发挥作用，否则理解（识别）就会开始失效。这一认知事实如今变得越来越重要。电子屏幕上的数字文字越来越多地成为我们写作和阅读的方式。然而，数字技术是一种截然不同的技术，尽管如此，我们还是倾向于将其视为模拟技术的进阶版。

眼球追踪软件揭示了人是如何与屏幕上的文字互动的。研究人员所谓的 F 形模式是人阅读屏幕上内容的方式。当我们从上到下阅读一页文字时，每行读的单词可能会越来越少，当眼睛沿着屏幕页面向下看时，阅读的单词数也会逐渐减少，形成一个 F 形图案。这种现象的出现有以下几个不那么乐观的原因。首先，浏览器本身的设计就是为了让我们始终在线，让我们的眼睛在线时始终保持移动的状态。这种"注意力经济"催生出了新的商业模式：我们上网的时间越长，从一个页面浏览到另一个页面，谷歌、亚马逊等公司收集的数据就越多，它们利用这些数据为广告商定制用户档案，而广告商的业务便依赖于这些数据。我们的"注意力"代表着平台可赢利数据的客观来源，但我们与电脑屏幕的互动代表着主观的"分心"，使我们更难专注，记忆力也会随之减退。因此，正如马克·C. 泰勒（Mark C. Taylor）在《高等教育纪事报》（*Chronicle of Higher Education*）中所说的那样，在网上阅读时，复杂让位于简单，浮躁的目光扫过一个又一个页面，捕捉不到任何深度的意义（图 18）。零碎的电子邮件、浮华的网站、140 个字符或更少的推文、错误连篇且未经编辑的博客……作为艺术、文学和哲学的命脉，晦涩、模糊和不确定性成为解码问题，需要通过数字技术中非此即彼的简单逻辑来解决。回想一下，当尼采不再用笔写作，开始使用打字机时，他的写作开始向"电报风格"转变。

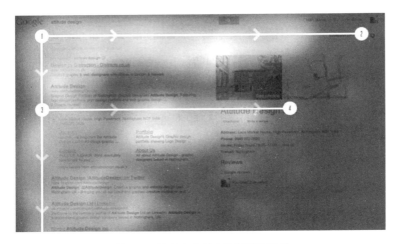

图 18　网页内容的 F 形阅读模式

当我们阅读屏幕上的内容时，我们的眼睛会在网页上滑动，大脑接收的内容少于网页实际的内容和含义，因为我们与屏幕的互动是由网页上滑动的算法设计的。事实上，技术更多地与我们联系在一起，而不是我们与它联系在一起，因为它操纵、分散、哄骗和推动我们浏览更多我们永远无法跟上的内容。人类与浏览器界面上的数字文本之间的关系日渐疏远，这意味着我们现在正经历着人工智能和人类认知心理学先驱赫伯特·西蒙（Herbert Simon）提出的"注意力的缺乏"。他认为，注意力分散是由认知需求驱动的，"在可能消耗注意力的过多信息源中有效分配注意力"。换句话说，我们在太多的信息中挣扎。西蒙写这篇文章的时间远早于互联网的出现，当时还没有强大的网络浏览器，更没有精心设计的注意力经济，但在当时这些信息来源在数量上远超西蒙的想象。

当面对信息量的迅速增长，最常见的应对策略是略读并借助眼球追踪软件在实验室中显示的 F 形模式。然而，略读并不能使我们成为高效的读者。相反，阅读屏幕上的内容对大脑海马体中的突触结构有明显的影响。回到实验室后，对数字读者的大脑进行的功能磁共振成像扫描清楚地显示，相较于纸质读者，数字读者与注意力和记忆有关的突触连接呈现出衰弱和萎缩的状态。

或许，我们可以从积极的角度看待这些发现。我们可以把大脑记忆功能的冗余部分单纯地解释为技术代替我们工作，从而减轻大脑的负担，就好比汽车可以减轻肌肉的工作负荷一样。随着电脑和手机的普及，我们不再需要大脑中的这种能力。如今，知识越来越多地存储于不被大众所熟知的数据库中，隐藏在不可见的服务器中。所以知识像其他很多东西一样，变得数字化，服从于自动化，人可以在呼叫和响应的控制论反馈循环中利用知识。

对自动化的支持者来说，这绝对是个好消息。手机上的应用程序代替了通过实践获得的记忆，这意味着我们的大脑再也不用记忆街道和方向的复杂知识，可以完成更多的创造性的工作。此外，这种观点认为，人类会因为技术的腐蚀变得肤浅这样的道德恐慌自希腊人以来就一直伴随着我们，尤其是柏拉图。他在与苏格拉底的《斐德罗》（*Phaedrus*）对话中认为，写作技术会对人类产生不好的影响，并警告说："写作技术的出现会使学习者变得健忘，因为他们不会使用他们的记忆。他们会相信外在的特征，而不记得自己。"

尼古拉斯·卡尔（Nicholas Carr）在《浅薄：互联网如何毒化了我们的大脑》（*The Shallows: the Internet is Doing to Our brain*）一书中更新了这一警告，以应对互联网时代（并为印刷术辩护）。在这本书中，他提到了用屏幕阅读对健忘的植入效应并辩称，"网络似乎正在削弱人集中注意力和沉思的能力。不管我是否上网，我的大脑现在都希望以网络传播的方式接收信息——快速移动的粒子流的形式"。

从柏拉图到卡尔，关于新通信技术危害的末日预言从未成为现实。人类依旧存活于自己创造的多样性中，把我们几千年来获得的大量知识用于为物种本身服务。人类攻克了众多疾病，大量缓解了赤贫的现象，甚至还登上了月球表面。所以人类试问，我们究竟还面临什么问题呢？

好吧，如果我们接受模拟形式和数字形式（在这种情况下）之间的差异，并像麦克卢汉和其他许多人告诉我们的那样（神经科学也证实了这一点）：人类塑造了技术，而技术反过来又塑造了人类。但事实上，我们写作和阅读的量确实提高了，我们必须提出一些与我们的写作和阅读相关的从模拟到数字转换相关的问题。在更深的哲学层面上，屏幕阅读暗示了一种与知识的新关系，也就是说，一种构成现实世界的新界面。因此，最根本的问题是知识的地位，以及在每一种技术形式中知识的构成有哪些不同。政治进程也随着模拟到数字的技术转变而变化。研究这一案例可以说明这种技术转变的利害关系。

模拟民主：是时候升级了？

数万年来，人类与技术的互动始终处于初级阶段，发展速度也较为缓慢。这种关系产生的知识都是通过口头传播的，或者是通过在部落或群体内的观察和行动来传递的。随着文字的发明，人们能够提取和学习知识，并且可以通过手写和后来的机器印刷文本的形式来共享知识。欧洲最早出现了印刷术和大众识字，印刷技术和印刷文化能够使思想合法化并传播知识，这些知识大多是指导和解决社会问题或挑战的途径。例如，科学成为一种重要的合法化方法，并在其中包含了通过技术解决方案实现进步的意识形态。印刷品也产生了宗教、哲学和政治方面的思想，并使之合法化。经过数百年来所有知识分支的捍卫者和攻击者之间的争论，大约在17世纪的某个时候，人类进入了历史上的关键时期——新政治与新思想融合，并通过印刷和识字被激活和传播。一个所谓的文学共和国的出现，帮助形成了现代政治哲学。一群跨大西洋两岸的著名政治思想家之间广泛、激烈、持久的讨论，形成了一张囊括了伏尔泰、卢梭到洛克和本杰明·富兰克林等思想家在内的信息网络。当然，更多的人通过阅读有影响力的人的作品，加入了书信的对话，写下并践行自己的观点。杂志、小册子、传单和图书如雨后春笋般蓬勃发展，使这些思想制度化，并在一定程度上通过工业化社会中日益提高的识字率使这些思想民主化，并且这些思想一直沿用至今。

印刷文化构成了现代政治的基础。从根本上说，政治是一种基于模拟扩展的模拟文化，正是科学和技术推动印刷技术不断发展，造就了这种模拟文化——从小册子到报纸，从电报到电话，从活字印刷到大众媒体。由于技术在政治进程中占据了中心地位，法国哲学家雷吉斯·德布雷（Régis Debray）才提出了所谓的"（政治）思想传播的物质形式和过程——通信网络使思想成为一种社会存在"。他称之为"书写统治"，或文字领域。在政治领域，书写统治借由启蒙运动和"物质形式和过程"形成了我们现在所谓的"模拟民主"，这些形式和过程使其思想成为一种"社会存在"。从某种意义上说，模拟民主也许是人类最重要的成就；并不是说它一定是所有人类组织形式中最高的道德和伦理，而是因为它是我们迄今为止创造的最重要的组织系统。

当今的民主有多种形式，但它们都基于同样的通信技术，正是这些技术使得 18 世纪出现了独特的民主形式。现代民主始于印刷文字，其思想和物质形式通过在实体社区中可识别的创造者和追随者产生共鸣。抽象的民主因为在区域语境中的设定而成为具体的现实。这些语境因为时间和空间上的相对接近而或多或少有了连续性，因此被称为"公共领域"。（图 19）

模拟物质形式以当时的技术为基础，通过印刷媒体、交通和通信的表现形式塑造了政治的方法论。如今，我们依然赞同这种方法，特别是在诸如制定和颁布法律这样的正式政治进程中。那么，这些政治过程究竟是什么？基于写、读、说和听的媒介，它们是人们在政治机构（如议会和代表大会）的背景下在委员会室、演讲台、辩论室中的互动以及其他互动的机会。并且，这是一种连续的互动，有其特定的一套与参与者本身的身体和认知能力相适应的节奏，他们的想法和激情通过当时的技术和方法成为一种"社会存在"。基

图 19 《阅览室》（*The Reading Room*），约翰·彼得·哈森克莱弗
（Johann Peter Hasenclever），1884 年

层政治则更为本地化，连续性更强，选举和竞选活动、公开演讲都发挥着不可或缺的作用，它们不仅发挥着公共领域的功能，而且体现了源于希腊民众的公共元素。这些活动从本质上说都是在历史上的特定时期形成的模拟动态过程，通过特定的媒介，设定了自身特定的时间节奏。

在广播和电视时代，在制度政治和公共领域的参与下，传统的模拟过程得以延续。但公共领域发生了变化，它的模式和表达方式越来越像模拟电子。模拟报纸仍然推动着传统的模拟过程，但广播和电视放大了这一形式和过程，使现实世界的社会存在更加分散和抽象。尽管如此，在广播和电视占主导地位的时代，报纸依然是报道各地新闻的主阵地。其中包含了世界上"发生了什么"，阐述了事件的"事实"，由一群（通常）值得信赖的记者传达给人们。这些记者也受到道德准则的约束，是一群受过训练的专业人员。作为公共领域的媒介，广播和电视延长了模拟过程的可持续性。直到21世纪初，模拟电子大众媒介仍然是主流的媒介形式。

我们不能再像上一代人那样可以轻易地参与政治进程。数字形式与模拟形式大相径庭，以至于我们很难识别它们，但我们却愉快地相信它们会为我们工作。主流媒体（仅存的部分）仍在讲述有关政治的故事。它仍然通过故事中包含的事实让读者和作家理解世界的意义。但是数字通信的功能不同于模拟通信。平台拥有的算法是基于特定的商业模型而形成的，其代码是被严格保密的。这些算法过滤、描述、选择和传播这些故事和事实，有时甚至扭曲了我们称之为自由民主的政治进程。这一点也不夸张。若想详细了解这种观点的更多细节，可以阅读另一本更专业的书。在这里，我只是简要地介绍一下数字时代最大的挑战，那就是事实和知识，以及在此基础上的合法性的政治，都被一种新的、否定性的沟通范式所包裹。

从2016年左右开始，随着美国特朗普的总统竞选活动和英国脱欧公投，我们才更清晰地认识到公共领域运作的私人算法所引发的影响。社交媒体有时可以改变全球数亿人认定是事实的核心内容，这一事实的披露，令大量使用社交媒体"免费内容"的用户感到震惊。

在不同的司法管辖范围内，一些强大的平台不断游说，以确保它们不被归类为出版商，比如《世界报》（*Le Monde*）、墨尔本的《先驱太阳报》（*Herald Sun*）或巴尔的摩的《后观察者报》（*Post-Examiner*）。正如刚才提到的，我们现在知道，这主要是因为算法的运行机制。它们通过设计代码来组织数据，吸引用户在线，并操纵他们一直在线。数据公司利用心理学和强大的算法对用户进行分析，从而"知道"他们关心在意哪些内容，从而可以将个人意识塑造到前所未有的程度。例如，在政治领域，数据公司知道，人们会被媒体上的争论所吸引，所以社交媒体算法会搜索什么能触动你的政治按钮，并为你提供越来越多的建议。同样，你的个人资料也会表明你的政治兴趣和偏见，所以算法也会推送更多相关的内容。由此便会产生"过滤气泡"效应，用户会"找到"志同道合的人。因此，数字公共领域是一个由大量私人领域组成的集合体，各个领域很少侵犯彼此的领域。

对那些具备必要的计算机技能和政治组织能力的人来说，社交媒体网络是可以操纵的。领域越广泛，就越容易受到"不良行为者"传播的错误信息的影响。错误信息和经过事实核查的透明来源信息通过同样的网络流动，信息河流便被污染了，所以许多人对他们看到的很多信息持怀疑态度。

报纸和咖啡馆被认为是现代民主的基本交流形式，但数字领域不可能成为这样的公共领域。人类与文字、阅读和词汇的联系已经被彻底改变了。自文字的发明和读写能力的传播以来，文字是最早形成知识和事实的基础元素。但如今任何人都不再能确定地说是文字构成了现在的知识和事实。（图 20）

图 20 《大西洋月刊》（*Atlantic Magazine*）封面（2020 年 6 月）

模拟民主是否能升级到数字民主？

从理论上讲，正如我们所了解的，自动化的出现是为了减轻劳动力的负担。在实践中，随着自动化在社会中不断普及，它并未在物质文化建设中发挥积极作用。如前文所述，在自动化的环境下，人们更容易久坐不动，更容易患糖尿病、癌症等疾病。自动化也使我们脱离了与物质世界和自然环境之间古老而根深蒂固的联系。人们更多的是盯着屏幕过自己的生活，朝着《机器人总动员》中描绘的那种生活迈进，但我们并不能说这是一种进步。

或许，自动化更重要的意义是认知的转变，即通过追求网络政治进程而产生的数字意识。在一个日益有害的数字社交媒体环境中，模拟民主无以为继，于是就造成了一个两难局面。作为一个社会，我们必须决定什么样的政治能够对世界产生积极的影响。

如果数字领域实现了数字化，个人和集体必须对其加以控制。这就需要公众对世界事实的生成和传播方式进行控制或负责，因而需要一种公共控制或社会透明的算法，其逻辑和目的都非常明确的：形成一个公众认可的公共社交媒体。

> **在一个日益有害的数字社交媒体环境中，模拟民主无以为继。**

如果我们认为我们应该保留从启蒙运动中沿袭的模拟政治过程，并且应该引领人类进入一个日益数字化的 21 世纪，那么就需要一种不同的数字大众媒介与之相适应。如果我们想看到并承认现实世界的真相和事实，就需要施行一种不仅要对利润和股东负责，还要对公共领域负责的社会媒介形式。这必定会放大出版商的作用，出版商的信息传递者是经过培训的专业编辑，他们对真相以及如何报道和辩论负有一定的责任。（图 21）

（a）　　　　　　　　　　　（b）

图 21 （a）《卫报》编辑室，伦敦，2014 年（模拟和数字的混合）；（b）元宇宙（Meta）服务器场，位于瑞典北极圈内，2017 年（完全数字化 / 自动化）

在撰写本书时，这两种情况似乎都不太可能发生。我们与技术的关系正处于一个技术变革从未如此重要的历史阶段，两种不同的技术渗透到我们的世界中。

模拟需要被更广泛地理解。这意味着人类需要更好地了解我们自己，这样我们才能了解正在消失的模拟技术的魅力和真实性的奥秘，以及古老的人类是谁、是什么。人类的技术根源和遗产必须成为我们珍视和培育的财富，而不应该被认为是过时的和无效的。

我们几乎不了解数字，但大多数情况下，我们不假思索地表现得好像数字化是人类所有问题的解决方案。

无论未来如何，人类都将一如既往地通过讲故事进行交流。因为这就是人类的进化方式。然而，考虑到当今数字通信的主导地位，人类的故事可能会变得更短、更愤怒、要求更高。在一些社交媒体的助推下，人类的故事有可能进一步朝着部落主义发展，倾向于敌意和猜疑，倾向于偏执和阴谋。按照某个标准，这些故事是真实的，但按照这个标准，其他人的故事则是虚假的，所以这些人被排除在自己的群体之外。真理和事实的基本存在正在成为一个没有得到普遍认同的概念。真理会有反真理，事实会遇到另一种事实。

人的身体和大脑越来越容易受到这样一个越来越陌生和不可识别的世界的影响。但是，面对强大的新技术，人类的局限性和弱点也是一个老生常谈的话题。瓦尔特·本雅明（Walter Benjamin）在其 1936 年的文章《说故事的人》

（*The Storyteller*）中讲述了人类以口头和书面形式讲故事的技巧退化了，以及通过复杂的记忆和精心制作的叙述来复述人类经历的技巧也在逐步衰落。他认为，我们现代人已经被技术"进步"洗劫一空，而这些进步大多来自科学战争。我们不应该忘记，互联网是冷战军事研究的副产品。本雅明补充说，这种退化也是一种精神上的退化，这种退化在与超越人类实际利益的物质力量相抗衡时毫无胜算。在他的文章中，本雅明反思了人类在新的、越来越自主的模拟技术面前不堪一击，比如机枪、坦克和飞机，这些技术在第一次世界大战中造成了前所未有的屠杀："曾经坐马车上学的一代人，现在站在乡间开阔的天空下，除了云，一切都变了。而在这些云下面，在破坏性的洪流和爆炸的力量中，是微小而脆弱的人体。"

脆弱的人体曾经与科技产生共鸣，与自然和谐相处。人类已经在地球生存了几千年，适度地扩张几乎没有留下痕迹，也没有过分向环境索取，一直是环境的一部分。模拟、共鸣、对等和认同是人类在地球上生存的大部分时间里与世界的表达方式。人类最初发展得非常缓慢，但后来凭借自己制造的东西迅速地进化。这些工具让我们变得聪明，我们把这种聪明转移到下一个更聪明的发明中。越来越复杂的技术离我们越来越远，正如伟大的麦克卢汉元帅告诉我们的那样：

在 20 世纪最后 25 年左右，模拟大众媒体开始让每个人同时"在场和接近"其他人，我们对技术所做的事情的认识几乎到了极限。数字魔术的"黑盒子"随时准备代替模拟技术。

我们正在进入一个非进化的新阶段，这是一种不属于我们的技术。这让我们越来越不受控制，人类的数字创造变得如此自主。但我们仍然有政治、意志、反思和智慧的潜力。如果我们能够利用这些潜力来实现人类本质上的模拟性，接近人类与技术（甚至是数字技术）互动的终点，那么地球可能会回到某种接近平衡的状态。人类从来没有比现在更迫切地寻求平衡，寻求与技术、社会，尤其是与环境之间的联系和共鸣。正是从对模拟和数字的整体认知的角度出发，人类可以开始重塑自己的世界，使其成为一个更可持续的星球，一个不仅适合人类自身，也适合动植物、大气系统的星球。自现代以来，人类只是把这些认知视为一种资源，以满足我们令人敬畏但注定要拥有的技术实力。